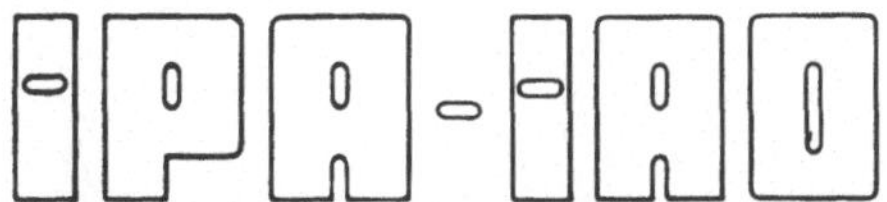

# Forschung und Praxis

Band 105

Berichte aus dem
Fraunhofer-Institut für Produktionstechnik
und Automatisierung (IPA), Stuttgart,
Fraunhofer-Institut für Arbeitswirtschaft
und Organisation (IAO), Stuttgart, und
Institut für Industrielle Fertigung und
Fabrikbetrieb der Universität Stuttgart

Herausgeber: H. J. Warnecke und H.-J. Bullinger

# H. Kühnle

# Produktionsmengen- und -terminplanung bei mehrstufiger Linienfertigung

Mit 25 Abbildungen

Springer-Verlag
Berlin Heidelberg New York
London Paris Tokyo 1987

Dipl.-Math. H. Kühnle
Fraunhofer-Institut für Produktionstechnik und Automatisierung (IPA), Stuttgart


Dr.-Ing. H. J. Warnecke
o. Professor an der Universität Stuttgart
Fraunhofer-Institut für Produktionstechnik und Automatisierung (IPA), Stuttgart


Dr.-Ing. habil. H.-J. Bullinger
o. Professor an der Universität Stuttgart
Fraunhofer-Institut für Arbeitswirtschaft und Organisation (IAO), Stuttgart


D 93

ISBN-13: 978-3-540-18038-8      e-ISBN-13: 978-3-642-83150-8
DOI: 10.1007/978-3-642-83150-8




Gesamtherstellung: Copydruck GmbH, Heimsheim
2362/3020—543210

<u>Geleitwort der Herausgeber</u>

Futuristische Bilder werden heute entworfen:

o Roboter bauen Roboter,

o Breitbandinformationssysteme transferieren riesige Datenmengen in
  Sekunden um die ganze Welt.

Von der "menschenleeren Fabrik" wird da gesprochen und vom "papierlo-
sen Büro". Wörtlich genommen muß man beides als Utopie bezeichnen,
aber der Entwicklungstrend geht sicher zur "automatischen Fertigung"
und zum "rechnerunterstützten Büro". Forschung bedarf der Perspektive,
Forschung benötigt aber auch die Rückkopplung zur Praxis - insbesondere im Bereich der Produktionstechnik und der Arbeitswissenschaft.

Für eine Industriegesellschaft hat die Produktionstechnik eine Schlüs-
selstellung. Mechanisierung und Automatisierung haben es uns in den
letzten Jahren erlaubt, die Produktivität unserer Wirtschaft ständig
zu verbessern. In der Vergangenheit stand dabei die Leistungssteigerung
einzelner Maschinen und Verfahren im Vordergrund. Heute wissen wir, daß
wir das Zusammenspiel der verschiedenen Unternehmensbereiche stärker
beachten müssen. In der Fertigung selbst konzipieren wir flexible Fer-
tigungssysteme, die viele verkettete Einzelmaschinen beinhalten. Dort,
wo es Produkt und Produktionsprogramm zulassen, denken wir intensiv
über die Verknüpfung von Konstruktion, Arbeitsvorbereitung, Fertigung
und Qualitätskontrolle nach. Rechnerunterstützte Informationssysteme
helfen dabei und sollen zum CIM (Computer Integrated Manufacturing)
führen und CAD (Computer Aided Design) und CAM (Computer Aided Manufacturing) vereinen. Auch die Büroarbeit wird neu durchdacht und mit
Hilfe vernetzter Computersysteme teilweise automatisiert und mit den
anderen Unternehmensfunktionen verbunden. Information ist zu einem
Produktionsfaktor geworden, und die Art und Weise, wie man damit umgeht,
wird mit über den Unternehmenserfolg entscheiden.

Der Erfolg in unseren Unternehmen hängt auch in der Zukunft entschei-
dend von den dort arbeitenden Menschen ab. Rationalisierung und Automatisierung müssen deshalb im Zusammenhang mit Fragen der Arbeitsgestal-
tung betrieben werden, unter Berücksichtigung der Bedürfnisse der Mitarbeiter und unter Beachtung der erforderlichen Qualifikationen. Investitionen in Maschinen und Anlagen müssen deshalb in der Produktion wie
im Büro durch Investitionen in die Qualifikation der Mitarbeiter be-
gleitet werden. Bereits im Planungsstadium müssen Technik, Organisation
und Soziales integrativ betrachtet und mit gleichrangigen Gestaltungs-
zielen belegt werden.

Von wissenschaftlicher Seite muß dieses Bemühen durch die Entwicklung
von Methoden und Vorgehensweisen zur systematischen Analyse und Ver-
besserung des Systems Produktionsbetrieb einschließlich der erforderlichen Dienstleistungsfunktionen unterstützt werden. Die Ingenieure
sind hier gefordert, in enger Zusammenarbeit mit anderen Disziplinen,
z. B. der Informatik, der Wirtschaftswissenschaften und der Arbeitswissenschaft, Lösungen zu erarbeiten, die den veränderten Randbedingungen
Rechnung tragen.

Beispielhaft sei hier an den großen Bereich der Informationsverarbei-
tung im Betrieb erinnert, der von der Angebotserstellung über Konstruktion und Arbeitsvorbereitung, bis hin zur Fertigungssteuerung und Qualitätskontrolle reicht. Beim Materialfluß geht es um die richtige Aus-

wahl und den Einsatz von Fördermitteln sowie Anordnung und Ausstattung
von Lagern. Große Aufmerksamkeit wird in nächster Zukunft auch der
weiteren Automatisierung der Handhabung von Werkstücken und Werkzeu-
gen sowie der Montage von Produkten geschenkt werden.

Von der Forschung muß in diesem Zusammenhang ein Beitrag zum Einsatz
fortschrittlicher intelligenter Computersysteme erfolgen. Planungs-
prozesse müssen durch Softwaresysteme unterstützt und Arbeitsbedingun-
gen wissenschaftlich analysiert und neu gestaltet werden.

Die von den Herausgebern geleiteten Institute, das

- Institut für Industrielle Fertigung und Fabrikbetrieb der Universität
  Stuttgart (IFF),

- Fraunhofer-Institut für Produktionstechnik und Automatisierung (IPA),

- Fraunhofer-Institut für Arbeitswirtschaft und Organisation (IAO)

arbeiten in grundlegender und angewandter Forschung intensiv an den
oben aufgezeigten Entwicklungen mit. Die Ausstattung der Labors und
die Qualifikation der Mitarbeiter haben bereits in der Vergangenheit
zu Forschungsergebnissen geführt, die für die Praxis von großem
Wert waren. Zur Umsetzung gewonnener Erkenntnisse wird die Schriftenreihe "IPA-IAO - Forschung und Praxis" herausgegeben. Der vorliegende
Band setzt diese Reihe fort. Eine Übersicht über bisher erschienene
Titel wird am Schluß dieses Buches gegeben.

Dem Verfasser sei für die geleistete Arbeit gedankt, dem Springer-
Verlag für die Aufnahme dieser Schriftenreihe in seine Angebotspa-
lette und der Druckerei für saubere und zügige Ausführung. Möge das
Buch von der Fachwelt gut aufgenommen werden.

H. J. Warnecke · H.-J. Bullinger

<u>Vorwort des Verfassers</u>

Die vorliegende Arbeit entstand während meiner
Tätigkeit am Fraunhofer-Institut für Produk-
tionstechnik und Automatisierung (IPA),
Stuttgart.

Herrn Professor Dr.-Ing. H.-J. Warnecke, dem
Leiter des Institutes, bin ich für die wohl-
wollende Förderung und großzügige Unterstützung der Arbeit zu besonderem Dank ver-
pflichtet.

Mein Dank gilt ebenfalls Herrn Professor
DTech. h. c. Dipl.-Ing. K. Tuffentsammer für
die eingehende Durchsicht der Arbeit und die
sich daraus ergebenden wertvollen Anregungen.

Ein herzlicher Dank geht auch an Herrn
Dr.-Ing. habil. W. Dangelmaier für seine
stete Diskussionsbereitschaft und konstruk-
tive Kritik.

Bei allen Mitarbeitern des Instituts, die mir
durch große Hilfsbereitschaft die Erstellung
der Arbeit erleichtert haben, bedanke ich
mich ebenfalls vielmals.


Stuttgart, 1987            Hermann Kühnle

# INHALTSVERZEICHNIS

| Zeichen | Einheit | Bedeutung |
|---------|---------|-----------|
| A | | Menge aller Einzelaufgaben im Produktionsprozeß |
| $\bar{A}$ | | Teilmenge von Einzelaufgaben |
| a | | Abbildung |
| BDE | | Betriebsdatenerfassung |
| b | | Abbildung |
| C(.) | | Kapazitätsangebot einer Kapazitätseinheit |
| $C(.)_i$ | | Kapazitätsangebot einer Kapazitätseinheit in der Periode i |
| CLSP | | Capacitated Lot Sizing Problem |
| D', D" | | Kapazitätseinheiten |
| D(.) | | Einer Kapazitätseinheit zugeordnete Dispositionseinheit |
| DS | | Dispositionsstruktur |
| D1 | | Kaufteile und Rohmaterialien im Erzeugnisstrukturgraphen |
| D2 | | Endprodukte im Erzeugnisstrukturgraphen |
| D3 | | mehrfach verwendete Objekte im Erzeugnisstrukturgraphen |
| D4 | | Zusammenbauten im Erzeugnisstrukturgraphen |
| D5 | | um Kapazität konkurrierende Objekte im Erzeugnisstrukturgraphen |
| $\frac{d}{dt}$ | | Differentialoperator |
| F | | Kantenbewertung von G |
| f | | Kantenbewertung im reduzierten Graphen G |

---

[1] Es bestehen zum Teil Abweichungen zu den Festlegungen der CIRP UNIFIED TERMINOLOGIE, 1986.

| Zeichen | Einheit | Bedeutung |
|---|---|---|
| $f_{\hat{k}}$ | | zur Kante $\hat{k} \in \hat{K}$ gehöriger Wert |
| $G$ | | Erzeugnisstrukturgraph |
| $\hat{G}$ | | reduzierter Erzeugnisstrukturgraph |
| $g$ | | Abbildung |
| $\hat{g}$ | | Abbildung $g$, auf $\hat{V}$ eingeschränkt |
| $h_s$ | DM | Kapitalbindungskosten pro Periode für eine Einheit vom Erzeugnis 1 |
| $i$ | | Laufindex |
| $j$ | | Laufindex |
| $K$ | | Menge der Enthaltenseinsbeziehungen im Erzeugnisstrukturgraphen $G$ (Kanten) |
| $\hat{K}$ | | Kantenmenge im reduzierten Graphen |
| $\hat{k}$ | | Kante im reduzierten Graphen |
| $K(.)$ | | einer Kapazitätseinheit zugeordnetes Input-Output-System |
| $k_i$ | | Kante aus $K$ |
| $L$ | | (zeitl.unver.) Modell des Linienfertigungsprozesses |
| $l$ | | Anzahl der Objektarten |
| $M$ | | Materialflußstruktur |
| $MS$ | | qualitative Materialflußmatrix der Kapazitätseinheiten aus $P$ |
| $M\hat{G}$ | | Materialflußgraph des Linienfertigungsprozesses |
| $M\hat{S}$ | | Menge von Materialflußbeziehungen |
| $m_a$ | | Abbildung |
| $m_b$ | | Abbildung |

| Zeichen | Einheit | Bedeutung |
|---|---|---|
| o | | feststehender Periodenindex aus T |
| o.B.d.A. | | ohne Beschränkung der Allgemeinheit |
| NM(.) | | Nachfolgermenge |
| P | | Menge aller Kapazitätseinheiten im Produktionsprozeß |
| $\hat{P}$ | | durch die Dispositionsstruktur DS eingeschränkte Menge der Kapazitätseinheiten P |
| Q | | Zustandsvektor |
| $\dot{Q}$ | | nach der Zeit t abgeleiteter Zustandsvektor |
| Q(.) | | Bestandsvektor |
| $Q_i$ | | Bestandsvektor der Periode $t_i$ |
| $Q_s(.)$ | | von Objekt s vorhandener Materialbestand |
| q(.) | | Anzahl Objekte (einer Kapazitätseinheit zugeordnet) |
| $q_{si}$ | | Bestandsmenge des Objekts in der Periode i |
| $R^R$ | | Knotenbewertung von MG bezüglich Rüstkosten |
| $R^X$ | | Knotenbewertung von MG bezüglich Rüstkosten |
| $\bar{R}^R$ | | Knotenbewertung von $\hat{MG}$ bezüglich Rüstzeiten |
| $\bar{r}^R$ | | Rüstzeitenvektor |
| $\bar{r}^X$ | | Bearbeitungszeitenvektor |
| $r^R(.)_s$ | DM | Kosten für das Rüsten einer Kapazitätseinheit für das Objekt s |

| Zeichen | Einheit | Bedeutung |
| --- | --- | --- |
| $r^X(.)_s$ | Minuten | Bearbeitungszeit eines Stückes von Objektart s |
| $\bar{r}^R(.)_{s,s'}$ | Minuten | Zeitaufwand für das Umrüsten einer Kapazitätseinheit von Objekt s auf Objekt s' |
| $S$ | | Modell des allgemeinen Produktionssystems |
| $\bar{S}$ | | durch Dispositionsstruktur reduziertes Produktionssystem |
| $s, s'$ | | Laufindizes |
| $s_{D'}$ | | Objekt s der Dispositionseinheit D' |
| $s_{D''}$ | | Objekt s der Dispositionseinheit D'' |
| $(s_{D'}, s_{D''})$ | | Kante zwischen Objekt s und Objekt s in der Dispositionsstruktur DS |
| $T$ | | Planungshorizont |
| $t$ | | Zeitvariable |
| $t_N$ | | äußerster Zeitpunkt des Planungshorizonts T |
| $t_i, t_n$ | | beliebige Zeitpunkte aus T |
| $t_o$ | | Heutezeitpunkt |
| $u$ | | Knoten aus V |
| $V$ | | Menge aller Objekte des Erzeugnisstrukturgraphen (Knoten) |
| $\hat{V}$ | | Knotenteilmenge von V |
| $VM(v)$ | | Vorgängermenge des Knotens v |
| $\lvert VM \rvert$ | | Mächtigkeit der Menge VM |
| $v$ | | Knoten aus V |
| $\hat{v}$ | | Knoten aus $\hat{V}$ |

| Zeichen | Einheit | Bedeutung |
|---|---|---|
| $\hat{v}_o$ | | Knoten aus $\hat{V}$ |
| $\hat{v}_u$ | | Knoten aus $\hat{V}$ |
| $(v,w)$ | | Kante von $v$ nach $w$ |
| $W_{v,w}$ | | Weg von Knoten $v$ nach Knoten $w$ |
| $w$ | | Knoten aus $V$ |
| $\hat{w}$ | | Knoten aus $\hat{V}$ |
| $\dot{X}$ | | Input-Vektor/Auftragsverlauf |
| $X_i$ | Stück | Auftragsmengenvektor der Periode $i$ |
| $x$ | | natürliche Zahl |
| $\dot{x}_s$ | | Zugangsrate des Objekts $s$ |
| $x_{si}$ | | Auftragsmenge des Objekts $s$ in Periode $i$ |
| $\bar{x}_{si}$ | Stück | Zugangsbeschränkung des Objekts $s$ in Periode $i$ |
| $\int_{t_o}^{t} \dot{X}(z)\,dz$ | | Integral über Vektor $\dot{X}(z)$ von $t_o$ nach $t$ |
| $\dot{Y}$ | | Output-Vektor/Bedarfsverlauf |
| $Y_i$ | Stück | Bedarfsmengenvektor der Dispositionseinheit (der Periode $i$) |
| $\dot{Y}_s$ | | Abgangsrate des Objekts $s$ |
| $Y_{si}$ | | Bedarfsmenge des Objekts $s$ in Periode $i$ |
| $Z$ | | Zustandsdarstellung |
| $z$ | | Integrationsvariable |
| $\alpha$ | | Abbildung |
| $\beta$ | | Abbildung |

| Zeichen | Einheit | Bedeutung |
| --- | --- | --- |
| $\gamma, \bar{\gamma}, \hat{\gamma}, \gamma^*, \gamma_o, \gamma_v, \gamma_z$ | | Kapazitätseinheiten aus $\hat{P}$ |
| $\Delta(X_{si-1}, X_{si})$ | | Rüstvariable |
| $\rho$ | | Abbildung |
| $\rho_k^{\wedge}$ | % | zur Kante $\hat{k} \in \hat{K}$ gehörige Ausschußrate |
| $\rho_{(s_{D'},\, \bar{s}_{D''})}$ | | Ausschußrate zwischen Objekt s aus Dispositionseinheit D' und Objekt $\bar{s}$ aus Dispositionseinheit D" |
| $\tau$ | | Abbildung |
| $\tau_{\hat{k}}$ | | zur Kante $\hat{k} \in \hat{K}$ gehörige Abbildung |
| $\varepsilon$ | | Rundungsparameter |
| $\omega$ | | Zustandsfunktion |
| $\dot{\omega}_B$ | | Zustandsfunktion für Materialbestände |
| $I\!N$ | | Menge der natürlichen Zahlen |
| $I\!N_o$ | | Menge der natürlichen Zahlen einschließlich der 0 |
| $I\!R$ | | Menge der reellen Zahlen |
| $I\!R_+$ | | Menge der positiven reellen Zahlen einschließlich der 0 |
| $I\!R_+^m$ | | m-faches Kreuzprodukt von $R_+$ |
| $\subset$ | | Teilmengensymbol der Mengenalgebra |
| $\in$ | | Enthaltenseinsrelation der Mengenalgebra |
| $\cup$ | | Mengenoperation der Vereinigung |
| $\emptyset$ | | leere Menge |

1    <u>EINLEITUNG</u>

Ein Unternehmen kann am Markt umso erfolgreicher bestehen,
wenn es ihm gelingt, seine Kosten den Marktpreisen anzupassen
und auf Marktveränderungen und neue Kundenwünsche rasch zu
reagieren. Kundenwünsche und Marktgegebenheiten sind mit den
vorhandenen Kapazitäten an Betriebsmitteln und Personal stets
von neuem in Einklang zu bringen, die Materialbeschaffung ist
darauf abzustimmen. Die Zielsetzung lautet: Große Flexibilität
und hohe Lieferbereitschaft bei gleichzeitig niedrigen Beständen und kurzen Durchlaufzeiten[1].

Ein wichtiges Hilfsmittel zur Erfüllung dieser Zielsetzung
stellen    p r o d u k t i o n s p l a n u n g s -   und
- s t e u e r u n g s s y s t e m e   dar[2]. In den derzeit
angebotenen Ausführungen allerdings werden diese Systeme den
steigenden Anforderungen nur in mangelhafter Weise gerecht.
Sie sind für die Beherrschung von Teilefertigungen ausgelegt
und lehnen sich zu wenig an die tatsächlichen Produktionsabläufe in anderen Betriebsbereichen an[3].

In der vorliegenden Arbeit soll für die   L i n i e n f e r -
t i g u n g   aufgezeigt werden, wie Flexibilität und hohe
Lieferbereitschaft bei gleichzeitig kurzen Durchlaufzeiten und
niedrigen Beständen durch ein System, das sich eng an die

---

1) Zu den in den letzten Jahren gestiegenen Anforderungen hinsichtlich Lieferbereitschaft und Flexibilität siehe z.B.
   Breitschwerdt [1] .

2) Zu den mit Produktionsplanungs- und -steuerungssystemen
   verfolgten Zielsetzungn siehe z.B. Wilhelm [2] ,
   Mertens [3] , Heß-Kinzer [4] , Kunerth [5] .

3) Zur Kritik der zu starren Ausrichtung von Produktionsplanungs-
   und -steuerungssystemen auf eine bestimmte Form von Produktions
   abläufen siehe z.B. Wildemann [6], Warnecke, u.a.[7], von Brie
   [8].

Produktionsabläufe anlehnt, in sehr viel größerem Ausmaß erreicht werden können. Diese   e n g e   A n l e h n u n g   an die   P r o d u k t i o n s a b l ä u f e   kommt dadurch zustande, daß - zusätzlich zu den üblichen Bedarfsdeckungsgesichtspunkten - bei der Festlegung der   P r o d u k t i o n s -   m e n g e n   und - t e r m i n e   auch Materialflußaspekte einbezogen werden.

Die Herleitung dieses Systems setzt grundsätzliche Überlegungen zur Arbeitsteilung und zur Koordination von Stellen voraus, um so den Aufbau eines von der Zettelwirtschaft der 60iger Jahre losgelösten Begriffsgebäudes zur Festlegung von Teilfunktionen der Produktionsplanung und -steuerung vorzubereiten. Der Entwurf selbst erfolgt mit Hilfe graphentheoretischer und systemtheoretischer Betrachtungen, die stufenweise von vorbereitenden Überlegungen bis hin zur eigentlichen Systemkonzeption und deren datentechnischer Umsetzung führen. Die aus dem Produktionsbereich auf   M e n g e n   und   T e r m i n e   einwirkenden Einflüsse werden dazu formalisiert und in die Konzeption eingebracht. Empirische Basis für die Formalisierungen sind Ergebnisse eingehender Analysen von Linienfertigungsprozessen.

Umfangreiche Unternehmensaufgaben lassen sich nur arbeitsteilig bewältigen. Dies gilt natürlich auch für die Aufgaben im Produktionsbereich eines Industriebetriebs[1]. Zur Vorbereitung ihrer arbeitsteiligen Erfüllung werden diese Aufgaben zunächst in E i n z e l a u f g a b e n zerlegt[2]. S t e l l e n [3] mit spezialisierten Aufgabeninhalten müssen abgegrenzt und die nach der festgelegten Arbeitsteilung durch die Stellen verrichteten Einzelaufgaben zu möglichst reibungslosen Abläufen k o o r d i n i e r t werden[4].

Kapitalintensive Arbeitsplätze und die sich immer schneller vollziehenden Veränderungen an den Märkten machen in zunehmendem Maße die K o o r d i n a t i o n dieser Stellen d u r c h P l a n u n g [5] erforderlich.

---

1) In dieser Arbeit soll eine Beschränkung auf Industriebetriebe vorgenommen werden. Dienstleistungsbetriebe werden nicht betrachtet. Zur Abgrenzung von Industrie- und Dienstleistungsbetrieben siehe Bleicher [9].

2) Jede Aufgabe läßt sich als Teil einer Aufgabenerfüllungssituation auffassen, die bestimmt ist durch die zu erfüllende Aufgabe, den Aufgabenträger, das zur Aufgabenerfüllung eingesetzte Sachmittel und die zu anderen Aufgabenerfüllungsvorgängen bestehenden Interdependenzen, vgl. z.B. Frese [10].

3) Unter einer Stelle sei eine arbeitsteilige Einheit, die vom Menschen allein oder zusammen mit technischen Sachmitteln ausgeführt wird, verstanden (siehe z.B. Kosiol [11]).

4) Unter Koordination wird hier das Ausrichten von Einzelaktivitäten in einem arbeitsteiligen System auf ein übergeordnetes Ziel verstanden (siehe z.B. Frese [10]).

5) Unter Planung soll in einer ersten Definition allgemein ein methodisch durchgeführter Entscheidungsprozeß zur Vorbereitung von äußeren Handlungen verstanden werden (siehe z.B. Niewerth u.a. [12]). Alternativen zur Planung sind Selbstabstimmung, hierarchische Weisungen oder die Vergabe von Regeln (siehe Kurbel u.a. [13]). Die Koordination mittels dieser Möglichkeiten läßt nur improvisierte Lösungen zu, was aufgrund mangelnder Übersicht über den Gesamtzusammenhang sowie unvollkommener Information und Verständigung zu unwirtschaftlichen Abläufen führt (siehe Ellinger u.a. [14]).

Die vorliegende Arbeit befaßt sich daher mit der Möglichkeit
der Koordination von Stellen durch Planung. Allerdings ist
Planung nur wirksam, wenn zusätzlich ein Instrument zur Si-
cherstellung der Planerfüllung eingesetzt wird. Deshalb ist
es zweckmäßig, Planungen zur Stellenkoordination im Hinblick
auf ihre Wirksamkeit zur Erreichung der aus den Unternehmens-
zielen abgeleiteten Vorgaben hin zu überprüfen und ggf.
s t e u e r n d [1] in die durch die Planungen entstandenen
Abläufe einzugreifen. Speziell im Zusammenhang mit Produk-
tionsabläufen haben sich zur Benennung dieser Instrumente
die Begriffe  " P r o d u k t i o n s p l a n u n g "
und  " P r o d u k t i o n s s t e u e r u n g "  und zur
umfassenden Beschreibung das Begriffspaar  " P r o d u k -
t i o n s p l a n u n g  und  - s t e u e r u n g " [2]
allgemein durchgesetzt [18], das deshalb auch in dieser
Arbeit verwendet werden soll.

---

1) Mit Steuerung sei eine Form der Prozeßbeherrschung durch
   Beeinflussung der Ausgangsgrößen eines Systems durch eine
   oder mehrere Einflußgrößen beschrieben, Niewerth u.a. [12].

2) Die Wahl des Begriffspaares Produktionsplanung und
   -steuerung als Oberbegriff lehnt sich an die im anglo-
   amerikanischen Sprachgebrauch verwendeten Begriffe
   "Production Planning" und "Production Control" an,
   vgl. Greene [15].
   Die Begriffsbestimmung Fertigungsplanung und -steuerung
   seitens des AWF, des REFA-Verbandes und des VDI (vgl.
   AWF/REFA [16] bzw. VDI/REFA [17]) hebt eher die Aspekte
   der technologischen Produktionsvorbereitung und der Pro-
   duktionsmittelplanung, weniger die der Stellenkoordination
   hervor und bezieht sich eher auf die Teilefertigungsbe-
   reiche eines Produktionsbetriebs. Dagegen wird nach neuerem
   Sprachgebrauch des AWF die Produktionsplanung und -steue-
   rung durchaus im hier ausgeführten Sinne verstanden.

2.1     <u>Die Produktionsmengen- und -terminplanung als</u>
        <u>Baustein der mittelfristigen Produktionsplanung</u>
        <u>und -steuerung</u>

2.1.1    Teilaufgaben der Produktionsplanung und -steuerung
        und ihre Zuordnung zur Länge des Planungs-
        horizontes

Mit Produktionsplanung und -steuerung seien zunächst alle
betrieblichen Funktionen[1] angesprochen, die unmittelbar
der Einplanung des Bedarfs[2] an Erzeugnissen (Baugruppen,
Einzelteilen) und Rohmaterialien[3] und der Durchsetzung
dieser Einplanung dienen. Darunter fallen sowohl Bedarfsmengen, die dem gesamten zu planenden Bereich in Form von
Kundenaufträgen vorgegeben werden, als auch diejenigen, die
Ergebnisse von Planungsschritten sind. Dies sind einerseits
prognostizirte Bedarfsmengen für Enderzeugnisse und andererseits Sekundärbedarfsmengen für Baugruppen, Einzelteile und
Rohmaterialien, die aus dem Bedarf für Enderzeugnisse abgeleitet werden können [21]. Bedarfseinplanungen werden durch
die Erfüllung innerbetrieblicher Produktions- und Beschaffungs-
aufträge[4] realisiert.

---

1) Da im Rahmen dieser Abhandlung Konzepte zur Planung und
   Steuerung eines Produktionsbereiches erstellt und grundsätzliche Überlegungen zur Zerlegung von Funktionen in Teilfunktionen entwickelt werden sollen, wird eine ganzheitlich
   funktionale Abgrenzung vorangestellt. Unter einer funktio-
   nalen Abgrenzung sei hier die Abgrenzung anhand der auszuführenden Funktionen im Sinne betrieblicher Verrichtungen
   bzw. Tätigkeiten verstanden, Bratschitsch [19].

2) Zur Definition des Materialbedarfs siehe REFA [20].

3) Als Rohmaterial werden sämtliche Zukaufteile und
   -materialien bezeichnet.

4) Nach REFA [20] ist ein Auftrag eine (mündliche oder
   schriftliche) Anforderung einer dazu befugten Stelle an
   eine andere Stelle desselben Unternehmens, eine bestimmte
   (Einzel-)Aufgabe durchzuführen. Zur Kennzeichnung dieses
   Auftrags gehören mindestens
   - die Art des Auftrags und der durchzuführenden (Einzel-)
     Aufgabe
   - die geforderte Menge
   - Dauer und Termine sowie
   - Gütevorschriften (siehe auch Definition von "Aufgabe",
     S. 20)

Die angegebene Beschreibung der Produktionsplanung und
-steuerung ist jedoch sehr umfassend und gibt keinerlei
Aufschluß über die Wirkungsweise dieser Funktion. Sie wird
deshalb im folgenden in die drei Teilfunktionen

> - P r o d u k t i o n s p r o g r a m m p l a n u n g
> - D i s p o s i t i o n   und
> - B e t r i e b s a b l a u f s t e u e r u n g

aufgegliedert. Diese Aufgliederung folgt der Notwendigkeit,
die Produktionsplanung und -steuerung vom Groben ins Feine
durchführen zu müssen. Darüber hinaus enthält sie aber noch
keine Vorentscheidungen über weitere Zerlegungen, läßt jedoch Zuordnung der Teilfunktionen zum  D e t a i l l i e -
r u n g s g r a d   d e r   P l a n u n g s e r g e b n i s -
s e   und damit zu den  P l a n u n g s h o r i z o n t -
l ä n g e n   (Bild 1) zu[1]. Dies entspricht der allgemein
gebräuchlichen Auftrennung der Produktionsplanung und
-steuerung in lang-, mittel- und kurzfristige Anteile [2].

Die Planung des Produktionsablaufs selbst geht von der
P r o d u k t i o n s p r o g r a m m p l a n u n g   aus,
in der zeitliche und mengenmäßige Angaben über die künftige
Produktion langfristig festgelegt werden. Der im Produktionsprogramm fixierte  P r i m ä r b e d a r f  [21] wird aus
den vorliegenden Kundenaufträgen und/oder dem geltenden Ver-
triebsprogramm abgeleitet.

---

[1] Durch die Zeitabhängigkeit von Planungen ist ein Zusammenhang
von Plandetaillierung mit der Länge des Planungshorizontes
gegeben, Hammer u.a. [22]. Nimmt - wie im Fall der Produktionsplanung und -steuerung - die Planungsgenauigkeit mit
zunehmendem Abstand vom Planungszeitpunkt ab, so ist eine
aufeinander aufbauende Planung vom Groben ins Feine vorteil-
haft, Zäpfel[21], [22].
Herkömmliche Aufgliederungen der Produktionsplanung und
-steuerungsfunktion in Funktionsgruppen, wie z.B. in die
Produktionsprogrammplanung, Mengenplanung, Terminplanung,
Auftragssteuerung und Datenverwaltung nach Ellinger u.a.
[14] bzw. Produktionsprogrammplanung, Mengenplanung, Termin-
und Kapazitätsplanung, Auftragsveranlassung und Auftragsüber-
wachung nach Hackstein [24], sind bereits Ergebnisse einer
Problemzerlegung und deshalb als Grundlage für die hier durchzuführenden Untersuchungen zu speziell.

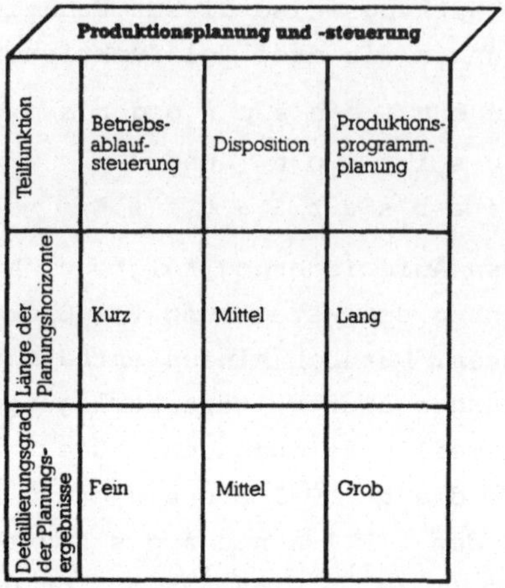

| Teilfunktion | Betriebsablaufsteuerung | Disposition | Produktionsprogrammplanung |
|---|---|---|---|
| Länge der Planungshorizonte | Kurz | Mittel | Lang |
| Detaillierungsgrad der Planungsergebnisse | Fein | Mittel | Grob |

**Produktionsplanung und -steuerung**

<u>Bild 1</u>: Teilfunktionen der Produktionsplanung und -steuerung
mit Zuordnung zur Länge der Planungshorizonte und zum
Detaillierungsgrad der Ergebnisse

Der Primärbedarf dient als Ausgangspunkt für die   D i s -
p o s i t i o n [1], die als mittelfristiger Teil der Produktionsplanung und -steuerung im Rahmen

---

1) Der Begriff der Disposition wird in der Literatur nicht
einheitlich verwendet. Im Zusammenhang mit der Produktionsplanung und -steuerung wird die Disposition von
manchen Autoren enger gefaßt und sogar nur auf die reine
Bestellrechnung für innerbetriebliche Produktionsaufträge
und Rohmaterialien sowie Zukaufware reduziert. Hingegen
bezwecken die dispositiven Aufgaben, so wie sie hier um-
rissen werden, in ihrem Zusammenwirken eine Abstimmung
zwischen mittel- bis kurzfristigen Bedarfsanforderungen
der Absatzmärkte und den kapazitiven Möglichkeiten des
Betriebs sowie den Beschaffungsmöglichkeiten für Rohmaterialien und Zukaufware. Damit erfüllt die Disposition
Aufgaben, die von anderen Autoren in einer Grobplanung an-
gesiedelt werden, Brankamp [25], Junghanns [26], Heß-
Kinzer [4]. Benzing [27] wiederum bezeichnet die hier definierten dispositiven Aufgaben in ihrer Gesamtheit als
Feinplanung.

o der  B e s t a n d s f ü h r u n g   , die alle im
  Betrieb durchgeführten  M a t e r i a l b e w e g u n -
  g e n   erfaßt und als  B e s t a n d s w e r t e   fort-
  schreibt,

o der  B e r e i t s t e l l u n g   der  B e t r i e b s -
  m i t t e l [1], die die Kapazitäten verfügbar macht und
  die diese Kapazitätsverfügbarkeiten beschreibenden Be-
  triebsmitteldaten erstellt und

o der  P r o d u k t i o n s m e n g e n -  u n d
  -t e r m i n p l a n u n g   , die das Auftragsprogramm
  mit den Produktions- und Beschaffungsaufträgen ermittelt,

die Dispositionsdaten[2] zur Verfügung stellt.

---

1) Nach REFA [20] gelten als "Betriebsmittel im weiteren
   Sinne" Geräte oder Maschinen, die in irgendeiner Weise
   in einem Arbeitssystem daran beteiligt sind, die Arbeits-
   aufgaben zu erfüllen. Als "Betriebsmittel im engeren Sinne"
   gelten diejenigen Gegenstände, die unter Ausnutzung phy-
   sikalischer, chemischer und biologischer oder sonstiger
   Naturgesetze technische Arbeit verrichten ("Arbeits-
   mittel"). Hier soll "Betriebsmittel" im ersteren Sinne
   verwendet werden.

2) Dispositionsdaten beschreiben vorwiegend physisch nicht
   vorhandene Objekte in Form von Daten. Ihre Entstehung
   hängt damit zusammen, daß die Durchführung der Einzelaufgaben nicht immer gleichzeitig möglich ist. Sie verlieren nach der Durchführung der logisch nachfolgenden
   Einzelaufgabe und einer eventuell erforderlichen Kontrolle
   ihre aktive Wirksamkeit, Ellinger u.a. [14] (siehe auch
   Definition von "Auftrag", S. 22).

Die Durchsetzung der ermittelten Produktions- und Be-
schaffungsaufträge erfolgt dann durch die B e t r i e b s -
a b l a u f s t e u e r u n g [1]. Die Aktivitäten der Betriebsablaufsteuerung bestehen in

o der  Z u t e i l u n g  der  P r o d u k t i o n s -
  bzw.  B e s c h a f f u n g s a u f t r ä g e  zu
  einzelnen Betriebsmitteln bzw. einzelnen Lieferanten,

o der  V e r a n l a s s u n g  der  P r o d u k t i o n
  bzw. der  L i e f e r a b r u f e , z.B. durch Ausgabe
  von Auftragspapieren,

o der  Ü b e r w a c h u n g  des  A u f t r a g s -
  v o l l z u g s  anhand der zurückgemeldeten Betriebs-
  daten und

o steuernden  E i n g r i f f e n [2]  bei
  A b w e i c h u n g e n  vom geplanten Auftragsvollzug.

---

1) Die Lenkung der Produktionsdurchführung läßt sich vereinfacht als Regelkreis beschreiben. Trotzdem verwendet
   man üblicherweise für diesen Sachverhalt nicht den Begriff der Regelung, sondern den der Steuerung. Dabei
   definiert man den Begriff Steuerung umfassender, wie
   das beispielsweise REFA [20] tut:
   Die Steuerung besteht dort im Veranlassen, Überwachen und
   Sichern der Aufgabendurchführung hinsichtlich Menge, Termin,
   Qualität und Kosten. Das wesentliche Prinzip der Rückkopplung wird daher ebenfalls in diesen Begriff eingeschlossen.
   Folgt man dieser üblichen Sprachkonvention, so kann vom
   Steuern des Betriebsablaufs und bei der auszuführenden
   Teilfunktion von Betriebsablaufsteuerung die Rede sein,
   obwohl dabei das Regelkreisprinzip wesentliches Charakteri-
   stikum ist. Von dieser Sprachregelung ist natürlich die
   Gesamtfunktion der Produktionsplanung und -steuerung
   gleichermaßen betroffen, deren Bezeichnung damit ebenfalls
   beibehalten werden kann.

2) Zulässige Spielräume für diese Eingriffe sind zuvor durch
   die Disposition abgesteckt worden. Bei Überschreitung der
   vorgegebenen Eckwerte sind die Ursachen an die Disposition
   zu übermitteln.

2.1.2   Abgrenzung der Produktionsmengen- und
        -terminplanung

In der Folge beschränken sich die Betrachtungen auf eine
Teilfunktion der Produktionsplanung und -steuerung, innerhalb derer die Erfüllung wesentlicher Dispositionsaufgaben
erfolgt, die  P r o d u k t i o n s m e n g e n -  und
- t e r m i n p l a n u n g [1]. Sie leistet die  A b -
s t i m m u n g   z w i s c h e n

   o g e p l a n t e n   B e d a r f s e n t -
     w i c k l u n g e n   d e r   E n d - /
     Z w i s c h e n e r z e u g n i s s e

und der zur Realisierung der geplanten Produktionsablieferung
notwendigen

   o b e s t a n d s m ä ß i g e n
     V e r f ü g b a r k e i t  von
     Rohmaterialien, Kaufteilen, Zwischen-
     erzeugnissen und Betriebsmittelkapazi-
     täten [28].

Ergebnis der Produktionsmengen- und -terminplanung ist das
A u f t r a g s p r o g r a m m ; verwendete Ausgangsinformationen sind Daten zu Beständen, Erzeugnisstrukturen,
Übergangszeiten, Ausschußfaktoren sowie Rüst- und Kapitalbindungskosten (siehe Bild 2).

---

1) Diese Einschränkung ist insofern gerechtfertigt, als
   z.B. Wilhelm [2] innerhalb der Produktionsmengen- und
   -terminplanung die meisten derzeit ungelösten Probleme
   vermutet.

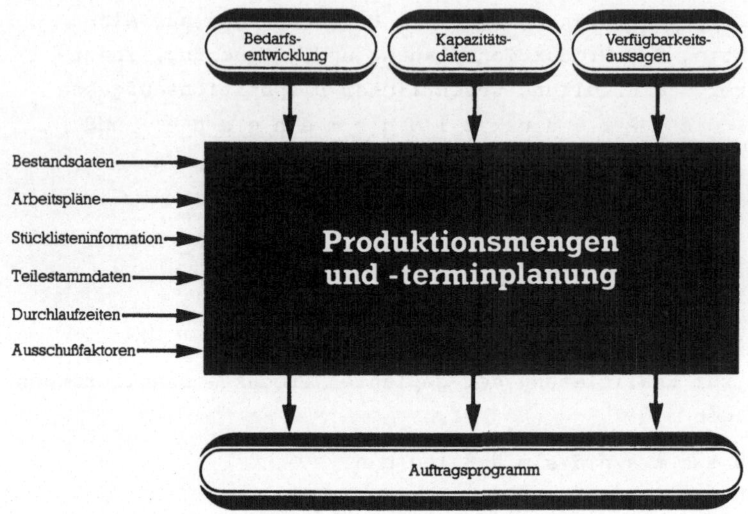



**Bild 2:** Blockdarstellung der Produktionsmengen-
und -terminplanung

Das durch die Produktionsmengen- und -terminplanung gewonnene Auftragsprogramm umfaßt:

- Die über der Zeit dargestellten auszubringenden Mengen
  an End- und Zwischenerzeugnissen in Form von terminierten   P r o d u k t i o n s a u f t r ä g e n ,

- die zur Erfüllung dieser Produktionsaufträge erforderlichen Vormaterialien in Form von   B e d a r f s v e r -
  l ä u f e n   u n d   B e s c h a f f u n g s a u f t r ä -
  g e n ,

- die unter Einbeziehung des Auftragsprogramms und der
  Bedarfsentwicklungen fortgeschriebenen zu erwartenden
  B e s t a n d s v e r l ä u f e   und

- Angaben der zur Erfüllung der Produktionsaufträge notwendigen   B e t r i e b s m i t t e l k a p a z i t ä t e n .

Auf der Grundlage der dargelegten Funktionsbeschreibung läßt sich die Produktionsmengen- und -terminplanung als Unterfunktion in die Produktionsplanung und -steuerung einordnen[1] (Bild 3). Die Informationsbeziehungen sind durch Pfeile zwischen den Funktionen dargestellt und so ausgelegt, daß Störungen im Produktionsprozeß bzw. auf dem Beschaffungsmarkt korrigierbar sind.

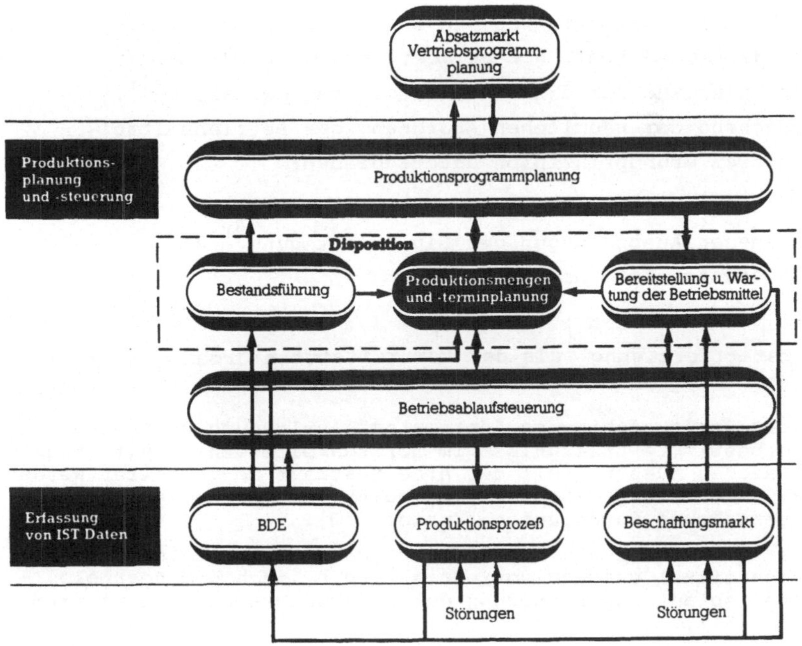


<u>Bild 3</u>: Einordnung der Produktionsmengen- und -terminplanung in die Produktionsplanung und -steuerung

---

1) Dadurch, daß die Produktionsmengen- und -terminplanung - wie sie hier definiert ist - auch Abstimmungsaufgaben umfaßt, enthält sie Elemente, die eindeutig Merkmale einer Steuerung aufweisen. Der oben abgegrenzte Funktionsblock müßte deshalb korrekterweise als Produktionsmengen- und -terminplanung und -steuerung bezeichnet werden. Zur Vermeidung von Bezeichnungsüberlängen wird im Rahmen dieser Arbeit der kürzeren Bezeichnung trotzdem der Vorzug gegeben. Falls keine Mißverständnisse auftreten können, soll der oben beschriebene Funktionsblock im folgenden auch als M e n g e n - und T e r m i n p l a n u n g angesprochen werden.

## 2.2 <u>Linienfertigung vor dem Hintergrund der Produktionsmengen- und -terminplanung</u>

Wichtigster Einflußfaktor auf die Produktionsplanung und -steuerung ist der o r g a n i s a t o r i s c h e A u f b a u des zu koordinierenden Produktionsbereiches [2]. Dieser organisatorische Aufbau ist weitgehend bestimmt durch ingenieur- und verfahrenstechnische Vorgaben, die aus der Beschaffenheit der Betriebsmittel bzw. der anzuwendenden Fertigungsverfahren stammen [9]. Trotz dieser Bindung an technologische Verfahren und an die Wirkungsweise einzelner Betriebsmittel, bleibt aber noch mehr oder minder großer Spielraum für die organisatorische Gestaltung[1]. Entsprechend der räumlichen Anordnung der Betriebsmittel werden zwei Grundprinzipien unterschieden:

- Das E r z e u g n i s p r i n z i p mit den verschiedenen Ausprägungen der Linienfertigung[2] als Organisationsform und

- das V e r r i c h t u n g s p r i n z i p mit der Werkstattfertigung[3] als der verbreitetsten Organisationsform[4].

---

1) Unter Berücksichtigung "optimaler" Auslastung aller Stellen, die bestimmte Erzeugnisse im fortschreitenden Arbeitsprozeß passieren müssen, soll der Arbeitsablauf so gestaltet werden, daß alle Erzeugnisse mit "optimaler" Geschwindigkeit die Unternehmung durchlaufen, Kosiol [30].

2) Die Linienfertigung ist dadurch gekennzeichnet, daß die Betriebsmittel erzeugnisorientiert, d.h. nach dem technologischen Ablauf zur Fertigung der Erzeugnisse angeordnet sind, Hahn [31].

3) Die Werkstattfertigung ist geprägt durch räumliche Zusammenfassung von Maschinen und Arbeitsplätzen, die zur Verrichtung gleichartiger Einzelaufgaben dienen. Das Werkstättenprinzip beinhaltet, daß zur Herstellung verschiedener Erzeugnisarten die Stellen in unterschiedlicher Folge tätig werden; somit treffen u.U. Teilmengen mehrerer Erzeugnisarten gleichzeitig bei derselben Stelle ein und warten auf Bearbeitung. Deshalb wandert eine Vielzahl unterschiedlicher Erzeugnisse über jede Stelle, Hahn [31].

4) Zu diesen Grundprinzipien existieren noch Mischformen wie die Gruppenfertigung und Sonderformen, die sich am Träger orientieren wie z.B. Werkbankfertigung, Hahn [31] oder solche, die ohne Arbeitsteilung auskommen und wo eine Zuordnung von Kapazität zu Objekt erfolgt, Kreikebaum [32].

Untersuchungsgegenstand der vorliegenden Arbeit sind Prozesse der Linienfertigung. Diese Prozesse stellen  b e -
s o n d e r e  A n f o r d e r u n g e n  hinsichtlich
der Gewährleistung  r e i b u n g s l o s e r  A b l ä u f e .

## 2.2.1  Zeitlich unveränderliche Prozeßvorgaben

Eingehende Marktanalysen und starke Nachfrage nach den Enderzeugnissen bilden den Ausgangspunkt für die Realisierung
von Linienfertigungen, so daß völlige Gewißheit über die
Eigenschaften der herzustellenden Produkte und hohe Produk-
tionsstückzahlen vorausgesetzt werden können [31]. Die Erzeugnisstrukturen können deshalb über einen längeren Zeitraum als gegeben und unveränderlich angenommen werden;
innerhalb eines Zeitraums, der in der Regel 4 Wochen nicht
übersteigt, werden alle Erzeugnisse mindestens einmal gefertigt. Dabei sind die Produktionsmengen als mehr oder
weniger konstant zu betrachten. Als Folge davon entsteht im
Produktionsprozeß eine gewisse Regelmäßigkeit, die sich zur
Durchsetzung einer stark auf den Materialfluß ausgerichteten
Aufbauorganisation nutzen läßt. Betriebsmittel werden so
angeordnet, daß der Materialfluß stets in Richtung auf das
Enderzeugnis verläuft. Materialflußschleifen[1] werden ggf.
durch die Mehrfachbeschaffung von Betriebsmitteln ausgeschlossen (siehe z.B. [33]), und es lassen sich hochautomati-
sierte und nur auf einige wenige Verrichtungen spezialisierte
Fertigungslinien[2] installieren, ohne daß eine zu geringe
Kapazitätsausnutzung zu befürchten wäre. Eine derartige
Spezialisierung bedeutet aber die feste Zuordnung von Einzelaufgaben zu bestimmten Betriebsmitteln bzw. Fertigungslinien,
die beim Verrichtungsprinzip nicht der Fall ist.

------

1) Als Materialflußschleife wird der Sachverhalt bezeichnet,
   daß ein Erzeugnis nach Bearbeitungsschritten auf anderen
   Betriebsmitteln wieder auf dem Ausgangsbetriebsmittel bearbeitet wird. Damit hat man sich zumindest in einem Be-
   arbeitungsschritt materialflußmäßig nicht in Richtung
   Enderzeugnis bewegt.

2) Zur Definition einer Fertigungslinie, siehe z.B. Hahn [31].

Diese feste Zuordnung stellt insofern einen Zwang dar, als
in der Regel keine Alternativmaschinen zur Verfügung stehen[1].
Außerdem verursacht die weitergehende Automatisierung noch
einen zusätzlichen Verlust an Flexibilität, da nur mit festen
Taktzeiten gearbeitet werden kann. Die Vorteile, die aus dieser Regelmäßigkeit und Ordnung zu ziehen sind, überwiegen aber
bei weitem. Unter Dispositionsgesichtspunkten ist hier vor
allem die bessere Planbarkeit zu nennen. Da man genau weiß,
welches Erzeugnis welcher Fertigungslinie zugeordnet ist und
die entsprechenden Bearbeitungs- und Übergangszeiten genau
bekannt sind, kann eine genaue Planung bereits im Rahmen der
Disposition durchgeführt werden. Bei Werkstattfertigung bzw.
beim Verrichtungsprinzip ist dies nicht möglich. Hier ist der
Disposition nicht bekannt, welches Objekt auf welcher Maschine
gefertigt wird, eine planerische Betrachtung der Belegung kann
allenfalls auf Maschinengruppenebene erfolgen.

Bei Linienfertigung lassen sich die zu fertigenden Erzeugnisse
häufig in ähnliche Einzelaufgaben zergliedern. Vergleichbare
Verrichtungen benötigen in diesem Fall auch bei unterschied-
lichen Objekten ungefähr dieselbe Ausführungszeit. Neben der
technischen und kapazitiven Machbarkeit ist dies eine wichtige
Voraussetzung dafür, daß einer Fertigungslinie unterschiedliche
Objekte zugeordnet werden können. Die Anzahl der zugeordneten
Erzeugnisse ist in der Regel von Fertigungslinie zu Fertigungslinie unterschiedlich, so daß sich über einen mehrstufigen
Produktionsprozeß ein Netz von Verwendungen spannt (siehe Bild 4).
Dies ist der allgemeine Fall eines mehrstufigen Linienfertigungs-
prozesses[2], wie er den folgenden Überlegungen zur Koordination
zugrundegelegt werden soll.

---

1) In einem Produktionsbereich mit Werkstattfertigung können
   viele Teilaufgaben durch alternative Prozesse erstellt werden.
   Dadurch ergeben sich zusätzliche Freiheitsgrade für die
   Prozeßgestaltung.
2) Ein Produktionsprozeß wird als mehrstufig bezeichnet, wenn
   - zum Erreichen des Enderzeugnisses mehrere Betriebsmittel
     hintereinander durchlaufen werden müssen,
   - der Materialfluß sich über diese Abfolge von Betriebsmitteln
     von den Enderzeugnissen und/oder vom zeitlichen Verlauf her
     ändert.
   Ein Produktionsprozeß, der zwar mehrere Betriebsmittel hinter-
   einander aber mit identischem Materialfluß in Anspruch nimmt,
   wird nicht als mehrstufig bezeichnet.

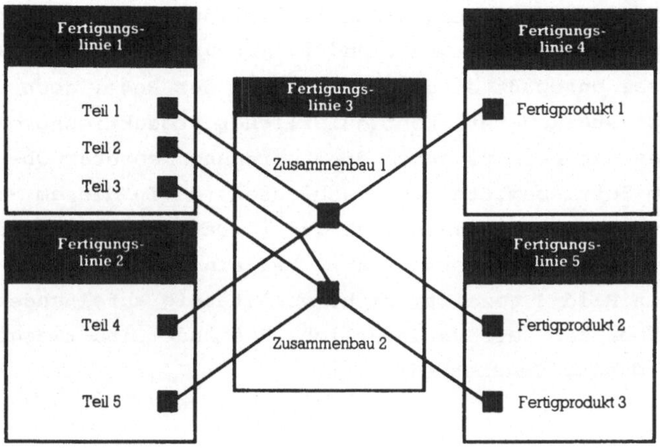


**Bild 4:** Koordinationsbedarf bei mehrstufiger
Linienfertigung mit 5 Fertigungslinien

Für diesen mehrstufigen Linienfertigungsprozeß können aus den
genannten Gründen folgende Vorgaben als in der Zeit unveränderlich[1] angenommen werden:

- die Betriebsmittel,

- die zu fertigen Erzeugnisse,

- die Zerlegung der Gesamtaufgabe in
  Einzelaufgaben,

- die Zuordnung der Einzelaufgaben zu
  Betriebsmitteln,

- die Materialflußbeziehungen

---

1) "Unveränderlich" bedeutet in diesem Zusammenhang selbstverständlich nicht für alle Zeiten fest. Der angesprochene
   längere Zeitraum, über den keine Änderung eintreten darf,
   kann sich z.B. auf die jährliche Produktpflege beziehen.

## 2.2.2    Zeitlich veränderliche Prozeßvorgaben

Obwohl alle in Linienfertigung erstellten Produkte mit Bedacht
ausgewählt, sorgfältig entwickelt und in Art und Menge an die
Marktbedürfnisse angepaßt sind, läßt sich in der Regel doch
k e i n  quasi-stationärer, kontinuierlicher Produktionsprozeß
erreichen. Dies ist bereits durch die Zuordnung mehrerer Objekte zu einem Betriebsmittel ausgeschlossen, da in diesem Fall
ein Bearbeitungswechsel unumgänglich ist[1]. Darüber hinaus sind
die Verbrauchs- und Auslieferungsraten bei einer Produktions-
struktur, wie in Bild 4 gezeigt, nicht vollständig aufeinander
abzustimmen. Über der Zeit veränderliche Bestände sind zwangs-
läufige Folge dieser Gegebenheiten.

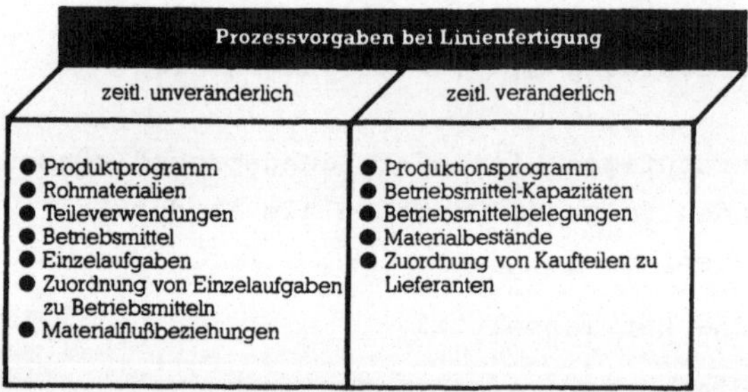


**Bild 5:** Zeitlich unveränderliche und zeitlich veränderliche
Prozeßvorgaben bei Linienfertigung

Lägen konstant verlaufende Primärbedarfe und Kapazitätsprofile
vor, so könnte ein periodischer Verlauf der Produktionsprozesse
und der Bestände erreicht werden; die Koordination könnte sich
dann auf die Vorgabe dieser sich zyklisch wiederholenden Abläufe und deren Überwachung beschränken. Eine detaillierte
Planung wäre damit nur für den ersten Planungszyklus notwendig.

---

1) Dies ist einer der wesentlichen Unterschiede zur Massenfertigung. Da bei Massenfertigung einer Fertigungslinie nur ein Erzeugnis zugeordnet ist, muß kein Bearbeitungswechsel und damit
   kein Rüsten erfolgen.

In der Realität sind aber weder Produktionsprogramm noch Kapazitätsprofil über der Zeit konstant. Trotz der relativen Ausgeglichenheit dieser Vorgaben (siehe 2.2.1) muß für die zukünftige Durchführung der Produktion immer wieder ein neuer Plan erstellt werden.

Zeitliche Veränderlichkeit bedeutet aber nicht nur fehlende zeitliche Gleichförmigkeit von Plandaten, sie bedeutet auch, daß einmal ermittelte Plandaten im Laufe der Zeit geändert werden können. Veränderungen bezüglich Mengen und Terminen von Enderzeugnissen beeinflussen die zu beschaffenden Mengen an Rohmaterialien und Kaufteilen sowie die Belastung der Betriebsmittel. Verschiedene Planungsdaten, wie z.B. der zeitliche Verlauf des Bedarfs an Rohmaterialien, Teilen, Baugruppen sowie des Bedarfs an Betriebsmittelkapazitäten, sind deshalb auch bei Linienfertigung zeitlichen Veränderungen unterworfen. Ebenso können Veränderungen zu Kapazitätsverfügbarkeiten der Betriebsmittel eintreten, da z.B. zusätzliche Schichten oder Schichtausfälle bzw. Nutzungsausfälle infolge veränderter Wartungspläne zu berücksichtigen sind.

2.2.3      Koordinationsbedarf und Freiheitsgrade
                 bei der Ablaufgestaltung

Generell bestehen bei der Festlegung von Mengen und Terminen für die End- und Zwischenerzeugnisse bzw. für die Rohmaterialien und Kaufteile die Freiheitsgrade der

- V e r f a h r e n s w a h l [1] und der

---

1) Die Verfahrenswahl kann in
  - der Wahl zwischen Eigenfertigung und Fremdbezug bei bestimmten Erzeugnissen (z.B. Zukauf von Teilen bei Kapazitätsengpässen),
  - der Wahl zwischen fertigungstechnischen Alternativen bei Eigenfertigung von Erzeugnissen (z.B. alternative technologische Arbeitspläne, alternativer Einsatz verschiedener Rohmaterialien) und
  - der Entscheidung zur Umarbeitung anderweitig angearbeiteter Teile zur Bedarfsdeckung
  bestehen, Haag [28].

- L o s b i l d u n g [1].

Linienfertigung impliziert aber, daß die eingesetzten Betriebsmittel und ihre räumlichen Anordnungen für die Bearbeitung ge-
wisser Erzeugnisse spezialisiert sind. Die hergestellten Erzeugnisse bestehen aus ganz bestimmten Rohmaterialien und be-
legen ausschließlich die speziell für sie konstruierten Betriebsmittel (feste Zuordnung der Teilaufgaben zu Betriebsmitteln,
siehe 2.2.1). Fertigungstechnische Alternativen bieten sich
nicht an; die Möglichkeit der Umarbeitung von Fertigteilen
oder Zwischenerzeugnissen kann ausgeschlossen werden, da die
für solche Prozeßschritte erforderlichen Betriebsmittel gar
nicht eingeplant sind. Entscheidungen zur Eigenfertigung oder
Fremdbezug von Objekten fallen bereits bei der Prozeßplanung
und sind deshalb der Mengen- und Terminplanung schon vorgegeben.

Grundsätzlich kann also bei der Behandlung der hier vorliegenden
Problemstellung unterstellt werden, daß bezüglich der  V e r -
f a h r e n s w a h l   k e i n   F r e i h e i t s g r a d
besteht. Dies kann insofern von Vorteil sein, als es möglich
ist, die Koordination in gewissem Sinne zu institutionalisieren.
Einer Stelle muß dann nicht zu jedem Auftrag neu mitgeteilt
werden, wohin die fertigbearbeiteten Objekte zu liefern sind.
Der Materialfluß vollzieht sich vielmehr in dem einzelaufgaben-
spezifischen Rahmen, der durch die Fördertechnik oder durch
einmalig erstellte Begleitpapiere (z.B. Kanban) vorgegeben ist.
Im Gegensatz zu Organisationen nach dem Verrichtungsprinzip,
bei denen jeder Auftrag wie eine neue, bisher noch nicht durch-
geführte Einzelaufgabe behandelt wird, entsteht in dieser Hin-
sicht also nicht mit jedem Auftrag neuer Informationsbedarf.

---

1) Als Los wird die Menge eines Erzeugnisses bezeichnet, die
   ohne Unterbrechung durch andere Erzeugnisse auf einem Betriebsmittel gefertigt wird. Häufig sind Los und Auftrag
   identisch, insbesondere dann, wenn das komplette Los zum
   Auftragstermin abgeliefert wird. Diese Übereinstimmung ist
   aber kein Zwang. Die Losbildung nutzt die Spielräume aus,
   die sich durch Bündelung von gleichen oder ähnlichen Einzelaufgaben ergeben. Hierbei werden die Möglichkeiten ausgeschöpft, die sich durch Zusammenfassen mehrerer Bedarfswerte
   zu Gesamtmengen, die unter Berücksichtigung von Einrichte-
   kosten und Lagerhaltungskosten als wirtschaftlich anzusehen
   sind, ergeben, Zäpfel [21].

Da aber auch nicht von kontinuierlichen oder periodisch vollständig identisch wiederholten Produktionsprozessen ausgegangen werden kann, b l e i b t   d e r   F r e i h e i t s -
g r a d   d e r   L o s b i l d u n g   bei Linienfertigungsprozessen  b e s t e h e n  . Die Losbildung wird hier die
Zielsetzung verfolgen, im Sinne kurzer Durchlaufzeiten und
niedriger Bestände zwischen den einzelnen Fertigungslinien
soweit wie möglich einen "quasi-Fließprozeß" zu verwirklichen.
Innerhalb einer Fertigungslinie ist dann keine Koordination
zwischen den Bearbeitungsstationen mehr erforderlich; die Koordination ist hier in die mechanische Kopplung der Aggregate
hineinprogrammiert oder wird bei der Prozeßsteuerung durch
den Computer geleistet (Fertigungslinie mit Zeitzwang, siehe
dazu auch [31][1]).

---

1) Gibt man innerhalb einer Linienfertigung den Zeitzwang auf,
   so gewinnt man erheblich an Flexibilität, da größere Unterschiede in den gefertigten Erzeugnissen bewältigt werden
   können. Erzeugnisse können die einzelnen Bearbeitungsstationen signifikant unterschiedlich lang in Anspruch nehmen,
   überspringen und wiederholt durchlaufen. Folge davon sind
   Koordinationsaufgaben: Es muß entschieden werden, wann den
   Stellen welche Erzeugnisse zugeordnet werden, Dangelmaier [34].
   Diese Koordinationsaufgaben werden nicht im Rahmen der Mengen-
   und Terminplanung behandelt. Sie sind im Rahmen der Betriebsablaufsteuerung zu lösen.

Zur Durchführung der Mengen- und Terminplanung, wie sie in
dieser Arbeit definiert wurde, sind in der Praxis bereits
etliche Verfahren im Einsatz. Da es aufgrund der Problem-
größen bis heute nicht möglich ist, die in der Praxis auftretenden Planungsfälle geschlossen zu lösen, ist die Pro-
duktionsmengen- und -terminplanung bei  a l l e n  V e r -
f a h r e n  i n  b e s t i m m t e r  W e i s e
z e r l e g t , um eine sukzessive Behandlung der Planungs-
und Steuerungsaufgaben möglich zu machen. Die Mengen- und
Terminplanung ist dazu in zwei Teile aufgespalten:

- Innerhalb der  M e n g e n p l a n u n g  werden die
  Mengen und Endtermine für Produktions- und Beschaffungs-
  aufträge errechnet. [4], [25]. Die dabei ermittelten Mengen
  und Termine sind auf den Primärbedarf abgestimmt und dienen
  als Ausgangsdaten für

- die  T e r m i n p l a n u n g  , die zu allen Einzelaufgaben detaillierte Termine ermittelt. Ergebnisse sind
  Belegungspläne für die einzelnen Stellen und Reihenfolgen
  für Einzelaufgaben [35][1] (Bild 6).

Die wesentliche Wirkung dieser Zeiteilung ist, daß die
Terminplanung vorgegebene Mengen  n i c h t  mehr ver-
ändern kann, da sich derartige Veränderungen bei der Mengenplanung für die Vormaterialien[2] nicht mehr berücksichtigen
lassen.

---

1) Trotz aller Unterschiede in den Details sind die angebotenen
   Modularprogramme nach dieser einheitlichen sukzessiven Pla-
   nungskonzeption aufgebaut, Zäpfel [21].
   Auf die speziellen Ausführungen und DV-Programmsysteme muß
   deshalb nicht im einzelnen eingegangen werden, sie können
   der einschlägigen Literatur entnommen werden (z.B. Heß-
   Kinzer [4]).
2) Als Vormaterialien seien alle (Zwischen-)Erzeugnisse und Rohmaterialien bezeichnet, die zur Herstellung der Erzeugnisse
   erforderlich sind.

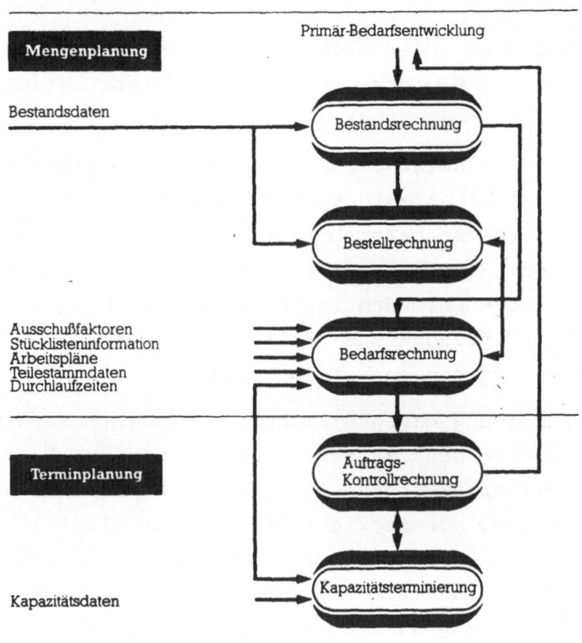


Bild 6: Aufbau der Produktionsmengen- und -terminplanung bei herkömmlichen Systemen (in Anlehnung an [36]).

## 3.1 Voraussetzungen konventioneller Produktionsplanungs- und -steuerungssysteme

Das von konventionellen Verfahren verwendete Arbeitsprinzip unterstellt bezüglich der zu gestaltenden Produktionsabläufe die Erfüllung einiger Voraussetzungen. Diese werden im folgenden näher erläutert.

### 3.1.1 Zeitlich unveränderlich vorausgesetzte Prozeßvorgaben

Für den organisatorischen Aufbau setzen alle bestehenden Produktionsplanungs- und -steuerungssysteme E i n z e l - und K l e i n s e r i e n f e r t i g u n g voraus. In der betrieblichen Praxis ist für diesen Fall folgende Gliederung üblich [37]:

Die  M o n t a g e  ist nach erzeugnisorientierten, die
T e i l e f e r t i g u n g  dagegen nach verrichtungs-
orientierten Prinzipien konstruiert.

In der Montage wird unter diesen Rahmenbedingungen vorwiegend
auf Personalkapazitäten zurückgegriffen, die an einfachen
aber vielseitig verwendbaren Montagearbeitsplätzen Einzelaufgaben verrichten. Eine intensive Nutzung dieser Vorrichtungen
aus wirtschaftlichen Gründen ist nicht zwingend notwendig, so
daß Mehrfachbeschaffungen und räumliche Gliederungen nach Er-
zeugnisgruppen vorgenommen werden können.

In der Teilefertigung dagegen stehen kapitalintensive Betriebsmittel, die stärker genutzt werden müssen. In der Regel sind
sie auf die Ausführung genau einer Verrichtung ausgelegt.
Mehrfachbeschaffung von Betriebsmitteln ausschließlich bedingt durch unterschiedliche Erzeugnisarten unterbleibt, so
daß sich hier die räumliche Gliederung nach dem Verrichtungsprinzip anbietet. Insgesamt können in der Teilefertigung nur
die anfallenden Einzelaufgaben und die verwendeten Betriebsmittel als zeitlich unveränderlich angesehen werden.

## 3.1.2    Zeitlich veränderlich vorausgesetzte
Prozeßvorgaben

Infolge der universellen Verwendbarkeit der Betriebsmittel
sowie der niedrigen Stückzahlen, die je Erzeugnis und Zeit-
einheit zu produzieren sind, werden von konventionellen Systemen (zeitliche) Veränderbarkeiten in den Prozeßvorgaben
vorausgesetzt, die noch zusätzlich zu den in 2.2.2 genannten
Größen zu beachten sind.

Das künftige Produktionsprogramm liegt nicht genau fest, sondern
es unterliegt starken Unsicherheiten, sowohl was die Mengen
als auch was die Erzeugnisse, die aus einem meist breit ausge-
legten Produktsortiment abgeleitet sind, angeht. Der Herstel-
lungsprozeß der Erzeugnisse kann völlig individuelle Einzelaufgaben beinhalten, so daß wegen der geringen Stückzahlen die
Verwendung spezialisierter Betriebsmittel unwirtschaftlich wird.

Deshalb werden universell einsetzbare Betriebsmittel bevor-
zugt, um so Anpassungen an sehr verschiedenartige Einzelaufgaben zu ermöglichen. Da infolgedessen viele Prozeßalternativen bestehen, müssen die Zuordnungen der Einzelaufgaben zu
den einzelnen Betriebsmitteln ad hoc vorgenommen werden.
Es können keine festen Zuordnungen von Einzelaufgaben zu
bestimmtem Betriebsmitteln vorgenommen werden.
Zusätzliche Prozeßalternativen ergeben sich auch durch Verwendung unterschiedlicher Roh- und Vormaterialien. Auch was
die Fertigungstiefe anbetrifft, können - abhängig vom Erzeugnis - kurzfristig noch Veränderungen vorgenommen werden.

Insgesamt setzen konventionelle Produktionsplanungs- und
-steuerungssysteme also eine große Anzahl zeitlich veränderlicher
Prozeßvorgaben voraus. Dies steht in krassem Widerspruch zu
den Gegebenheiten, die bei Linienfertigung vorliegen sollten.

## 3.1.3 Konsequenzen hinsichtlich Freiheitsgraden und Koordinationsbedarf

Bild 7 faßt die von konventionellen Produktionsplanungs- und
-steuerungssystemen als zeitlich veränderlich und unveränderlich vorausgesetzten Prozeßvorgaben zusammen. Diese
Voraussetzungen zu den Prozeßvorgaben ziehen auch Konsequenzen bezüglich des Koordinationsbedarfs bei der Ablaufgestaltung nach sich, was ebenfalls anhand der bereits ausgeführten organisatorischen Zweiteilung - Montage/Teilieferti-
gung - aufgezeigt werden kann.

In der Montage werden vorwiegend Personalkapazitäten eingesetzt.
Aufgrund der universellen Verwendbarkeit des Personals kann
kapazitätsseitig hohe Flexibilität vorausgesetzt werden. Zieht
man zusätzlich in Betracht, daß Personalkapazitäten als kosten-
günstiger anzusehen sind als Maschinenkapazitäten, erscheint
es zweckmäßig, im Montagebereich eher etwas überdimensionierte
Kapazitäten vorzuhalten.

**Bild 7:** Gegenüberstellung zeitlich unveränderlicher und
zeitlich veränderlicher Prozeßvorgaben, wie sie
konventionelle Systeme voraussetzen.

Unter diesen Gegebenheiten wird jeder Aufwand für Planung größer
werden, als durch die hierdurch gewonnene Produktivität zu
rechtfertigen wäre. Es reicht aus, einfache Verfahrensregeln
vorzusehen und die endgültigen Starttermine durch die Werker
festlegen zu lassen.

In der Teilefertigung hingegen können knapp bemessene und re-
lativ spezialisierte Kapazitäten vorausgesetzt werden, um die
verschiedene Objektarten konkurrieren. Da meist isolierte und
wechselnde Einzelaufgaben ausgeführt werden und jede Stelle zum
Engpaß werden kann, entstehen nach jedem Arbeitsgang Koordina-
tionsbedarfe zwischen den einzelnen Stellen. In die notwendig
werdenden Kapazitätsbetrachtungen müssen die terminlichen Ver-
netzungen von Einzelaufgaben, die derselben Stelle zugeordnet

sind, einbezogen werden. Dies verkompliziert wiederum die
auszuführenden Koordinationsaufgaben, so daß sich der Einsatz
der Planung zur Terminfestlegung empfiehlt. Darum ist die
Teilefertigung auch der Einsatzschwerpunkt konventioneller
Produktionsplanungs- und -steuerungssysteme.

Die unterschiedliche Behandlung von Montage und Teilefertigung
macht sich auch in den Prozeßvorgaben bemerkbar: Während in
den Stücklisten als Arbeitsvorgaben für die Montage in der
Regel keine Aussagen zu Bearbeitungszeiten, Betriebsmitteln
usw. zu finden sind, ist die Teilefertigung durch Arbeitspläne
exakt festgelegt. Je Teil können die Prozeßvorgaben in den
Arbeitsplänen durchaus eine feste Betriebsmittelzuordnung und
exakt vorgegebene Bearbeitungszeiten umfassen.

3.2     Probleme bei der Anwendung konventioneller
        Planungs- und Steuerungssysteme in der
        Linienfertigung

Unter den genannten Voraussetzungen hat sich die dargelegte
Verfahrensaufteilung konventioneller Systeme in der Vergangenheit bewährt. Insbesondere Terminierungsprobleme, die Ver-
netzungen von derselben Stelle zugeordneten Einzelaufgaben umfassen - der klassische Fall der W e r k s t a t t f e r -
t i g u n g  - werden dadurch b e h e r r s c h b a r  [34].
Alle konventionellen Systeme orientieren sich bei der Problemzerlegung somit am maximal auftretenden Koordinationsaufwand,
wie er für die Werkstattfertigung getrieben werden muß. Fällt
bei der Ablaufgestaltung verminderter Koordinationsaufwand an -
etwa bei anderen Organisationstypen -, so wird durch den System-
einsatz das oben beschriebene Verfahrensprinzip beibehalten,
obwohl die Problemumfänge, die dieses Prinzip entstehen ließen,
gar nicht vorliegen. Dies wirkt sich im Fall der  L i n i e n -
f e r t i g u n g  besonders  n a c h t e i l i g  aus.
Wendet man nämlich konventionelle Systeme bei Linienfertigung
an, so treten Probleme auf, die die Wirtschaftlichkeit des Ein-
satzes in Frage stellen und die gesetzten Rationalisierungsziele

unerreichbar machen. Lange Durchlaufzeiten und überhöhte
Bestände sind die Folgen. Dies ist dadurch bedingt, daß
konventionelle Systeme einige für die Linienfertigung wesentlichen Koordinationsaspekte außer acht lassen:

- Die  M e n g e n p l a n u n g  berücksichtigt die
  K a p a z i t ä t s k o n k u r r e n z  nur  u n g e -
  n ü g e n d .

- Die  T e r m i n p l a n u n g  verarbeitet die aus
  der detailliert festgelegten und auf die Kapazitäten
  abgestimmten Terminsituation resultierenden  M e n g e n -
  v e r ä n d e r u n g e n  nicht.

Dieser Sachverhalt soll zusammen mit den sich daraus ergebenden Konsequenzen im folgenden erläutert werden.

Die im Rahmen der Mengenplanung ermittelten Wunschtermine
werden von der Terminplanung unter Berücksichtigung von
Kapazitätsgrenzen verändert und für die einzelnen Aufträge
neue Starttermine errechnet. Diese Starttermine werden aber
n i c h t  mehr an die Mengenplanung zurückgegeben: Eine
detaillierte Abstimmung des Vormaterials auf diese Termine
kann jedoch auf diese Weise nicht erfolgen. Vielmehr wird die
zur Ermittlung von Terminen verwendete stückzahlabhängige Vor-
laufzeit [3], [37], so lang gewählt, daß auch bei voller Ausschöpfung des zumeist breit angelegten Spielraums zur Terminplanung das zu verarbeitende Material stets früh genug vorhanden ist.

Der Umstand, daß bei Linienfertigungen auch in der  M o n -
t a g e  kapitalintensive Betriebsmittel eingesetzt werden,
macht auch dort  K a p a z i t ä t s b e t r a c h t u n g e n
erstrebenswert, die bei konventionellen Systemen ausschließlich im Rahmen der Terminplanung erfolgen können. Wendet man
jedoch ein Terminplanungssystem auf die Montage an, so wäre
zwar der Bedarf, der an die Teileebene weitergegeben wird, auf

die Kapazitätssituation in der Montage abgestimmt, die Teilefertigung selbst würde aber nach wie vor von den Terminen der
Mengenplanung ausgehen und entsprechend bereitstellen. Die
Teilefertigung wird also in der Mehrzahl der Fälle zu früh
liefern. Als Folge davon werden sich nicht nur zwischen Roh-
materialbeschaffung und Teilefertigung, sondern auch zwischen
Teilefertigung und Montage Bestände anhäufen, die sich ausschließlich auf Schwächen des Systems zurückführen lassen.
Kapazitätsengpässe in der Montage lassen sich daher nur abbilden, indem man für die Mengenplanung entsprechende Vorlauf-
zeiten definiert. Diese Vorlaufzeiten müssen ausreichende
Pufferzeiten umfassen, um  M a ß n a h m e n    zur
S e l b s t k o o r d i n a t i o n    zuzulassen [34][1].

Die Produktvielfalt wird bei Linienfertigungen häufig durch
Kombination bestimmter Teile und Baugruppen erzeugt, die dann
mehrfach verwendbar sind. Vor dem Hintergrund der Kapital-
bindungssituation sollten Menge und Termine dieser mehrfach
verwendeten Teile und Baugruppen ebenfalls unter Berücksichtigung der Kapazitätsbeschränkungen festgelegt werden. Die
Einzelaufgaben, die diesen Teilen bzw. Baugruppen zugeordnet
sind, können aber im Rahmen konventioneller Systeme k e i n e r
s i n n v o l l e n  Kapazitätsbetrachtung unterzogen werden.
Da die Terminplanung die Kapazitätsbetrachtungen von den Mengen-
berechnungen vollkommen abkoppelt, hat die in der Mengenplanung
vollzogene Zusammenfassung von Bedarfen durch die veränderte
Terminsituation nach der Terminplanung u.U. keine Berechtigung
mehr. Trotzdem muß diese Zusammenfassung beibehalten werden,

---

1) Durch diese Vorgehensweise erhält jede Fertigungsstufe im
   Rahmen der Mengenplanung einen Dispositionsspielraum, der dann
   zur Feinabstimmung ausgenützt werden kann. Diese Feinabstimmung leistet die Terminplanung für die Teilefertigung,
   im Rahmen der Montage erfolgt sie im wesentlichen durch
   Selbstabstimmung. Für umfangreiche Koordinationsprobleme,
   wie sie vor allem bei verrichtungsorientierter Gliederung
   auftreten, ist diese Zweiteilung unbedingt als zweckmäßig
   anzusehen.

obwohl sich inzwischen vielleicht günstigere Zusammenfassungen
anböten. Es bliebe keine andere Wahl, als die bereitzustellen-
den Materialmengen je Verwendung auf die Terminierungsspiel-
räume der verbrauchenden Kapazitätseinheiten auszulegen, was
die Summe aller bereitgehaltenen Materialmengen noch weiter in
die Höhe treiben würde.

Bei konventionellen Systemen wird jede durch die Mengenplanung
errechnete Auftragsmenge gleichzeitig als  e i n   Transportlos
betrachtet, wie dies bei Werkstattfertigung auch gehandhabt
wird. Die Mengenplanung operiert daher mit zwangsläufig zu
l a n g e n   D u r c h l a u f z e i t e n , falls - wie
im Fall der Linienfertigung - auch kleinere Teilmengen Trans-
portlose darstellen und sofort weiterverarbeitet werden (Bild 8).
Dieser Fehler kann auch dadurch nicht ausgeglichen werden, daß
die Terminplanung Überlappungen vorsieht, da die Materialbereit-
stellung sich an den Terminen der Mengenplanung und nicht an
denen der Terminplanung orientiert.

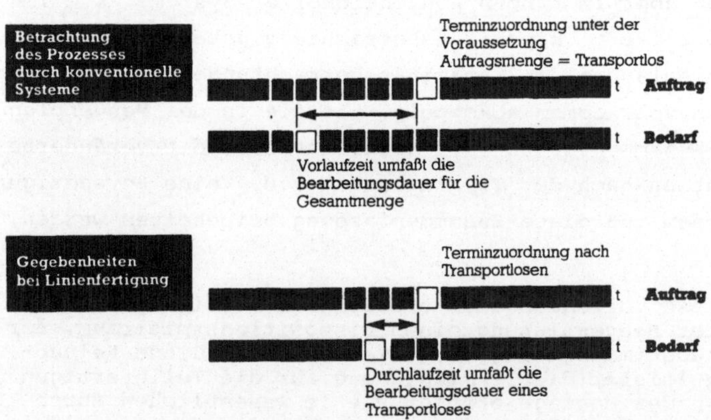


Bild 8: Zeitdifferenz zwischen Vorlaufzeitrechnung bei
        konventionellen Systemen und Durchlaufzeit eines
        Transportloses bei Linienfertigung

R e s u l t a t e   dieser Gegebenheiten sind eine hinsichtlich der Kapitalbindung  u n b e f r i e d i g e n d e   B e - s t a n d s s i t u a t i o n   sowie   l a n g e   D u r c h l a u f z e i t e n , die kurzfristige Reaktionen auf Marktveränderungen verhindern. Der Umstand, daß die bei Linienfertigung in beträchtlichen Mengen verbrauchten Materia- lien nicht erst zum tatsächlichen Verbrauchstermin, sondern erheblich früher verfügbar sind, ist nicht verwickelten Ab- läufen oder umfangreichen Koordinationsaufgaben, sondern aus- schließlich dem Einsatz konventioneller Produktionsplanungs- und -steuerungssysteme anzulasten.

Damit verursacht der Einsatz solcher Systeme im entsprechenden Umfang  ü b e r h ö h t e   K a p i t a l b i n d u n g s - k o s t e n     (Bild 9).

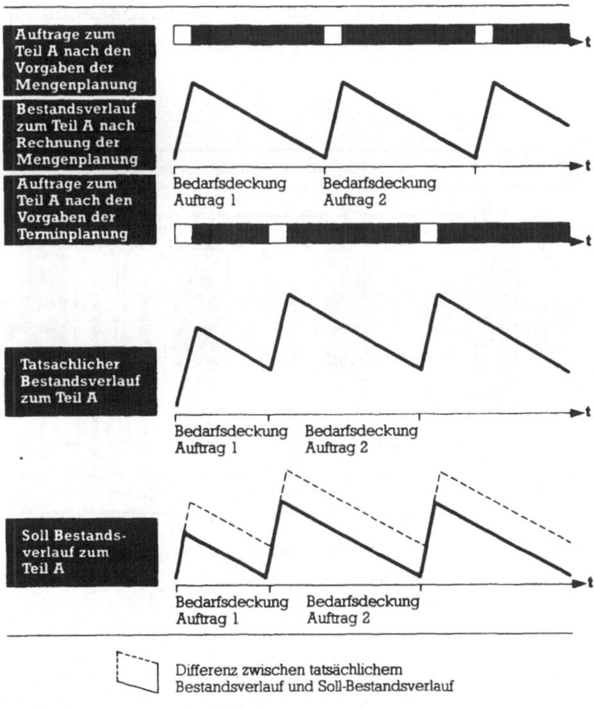


Bild 9: Bestandserhöhung durch die Abkopplung der Terminplanung von der Mengenplanung konventioneller Systeme

## 3.3 Neuere Ansätze zur Behandlung der Produktionsmengen- und -terminplanung

In Anbetracht der Schwierigkeiten, die der Einsatz konventioneller Systeme bei Linienfertigung mit sich bringt, entstand eine Reihe weiterer Ansätze zur Problemlösung. So ist zur Entschärfung der Bestandssituation im Falle der Serienfertigung in [2] ein Verfahren beschrieben, das auch für Linienfertigung anwendbar ist. Durch Erweiterung herkömmlicher Produktionsplanungs- und -steuerungssysteme um die Planung des Umlaufbestandes mittels verfeinerter Mengen- und Terminplanungsmethoden wurden im praktischen  Einsatz auch Verringerungen der Bestandshöhen erzielt (Bild 10). Allerdings wurde dort der grundsätzliche Aufbau der Systeme (Trennung von Mengenplanung und Terminplanung) beibehalten, so daß - wie der Autor selbst einräumt - die vollständige Einbeziehung dieses Ansatzes in ein geschlossenes Gesamtplanungssystem erst noch geleistet werden muß [2].

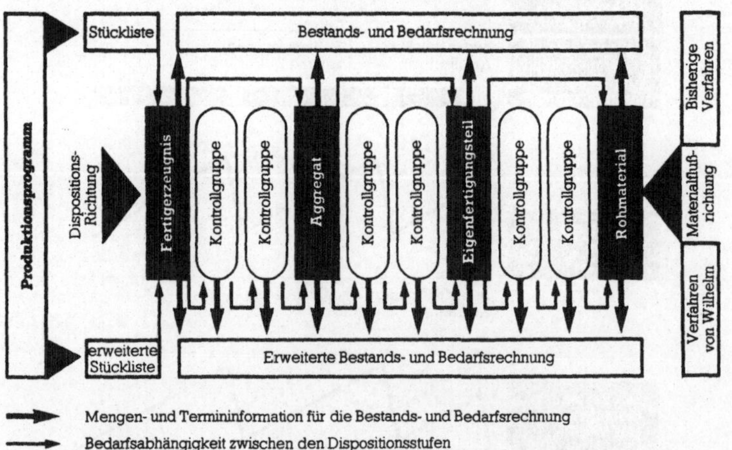


Bild 10: Gegenüberstellung des Bestands- und Bedarfsrechnungsprinzips konventioneller Verfahren und des Verfahrens von Wilhelm

Das Fehlen von unterstützenden Systemen zur Problemlösung auf
diesem Gebiet ist inzwischen auf breiter Ebene erkannt [2],
[28], [38]. Als Ursachen werden mangelhafte Kenntnisse auf
dem Gebiet der Problemdekomposition und die noch zu geringe
Leistungsfähigkeit der EDV-Systeme genannt [38]. Überdies
mangelt es an wirksamen Algorithmen zur Dispositionsdatenerstellung [39].

Die Tatsache, daß die im Rahmen der Mengenplanung errechneten
Termine entweder auf zu langen Durchlaufzeiten basieren oder
sich kapazitiv nicht durchsetzen lassen, ließ in jüngster Zeit
Verfahren entstehen, die im Rahmen einstufiger Betrachtungen
bereits bei der Mengenplanung Kapazitätsgrenzen beachten [40],
[42]. Darin werden die an den Überbelastungen beteiligten
Mengen derart verändert, daß Kapazitätsüberschreitungen nicht
mehr auftreten. Ist der Produktionsprozeß jedoch mehrstufig,
so bleibt bei diesen Verfahren die Abstimmung mit Vormaterialmengen entweder unbeachtet oder sie wird durch aufwendige und
praxisferne Nebenbedingungen erzwungen, die die Problemlösungen
sehr verkomplizieren. Der Schwerpunkt der genannten Arbeiten
liegt deshalb auf Näherungsverfahren [40], die allerdings
für den hier betrachteten Fall der Linienfertigung wegen der
zu aufwendigen Algorithmen und mangelnder Praxisnähe keine
Anwendung finden können (zur Begründung siehe [35], [41]).

Die Dekompositionsproblematik der Produktionsplanung und
-steuerung wird auch in [43] erörtert, wobei zur vollkommenen
Integration von Mengenplanung und Terminplanung vorgeschlagen
wird, das Gesamtproblem geschlossen zu lösen, und es zuvor
gegebenenfalls durch Reduktionsmechanismen in rechenbare
Größenordnungen zu transformieren. Der Ansatz führt auf das
"capacitated lotsizing lead-time problem". Allerdings ist
der Einsatz der angebotenen Heuristik zur Problemreduktion nur
zweckmäßig, wenn ein wesentlicher Teil der zu betrachtenden
Kapazitäten als unbegrenzt angesehen werden kann [43]. Da
solche Verhältnisse bei mehrstufiger Linienfertigung nicht

anzutreffen sind, ist auch dieser Lösungsansatz für die vorliegende Problemstellung nicht verwendbar. Zudem ließe die
große Anzahl der zu betrachtenden Objekte eine geschlossene
Problemlösung in der vorgeschlagenen Art selbst nach einer
Reduktion nicht zu.

Andere Autoren [44], [45], [46] fordern die Übertragung hierar-
chischer Planungsansätze[1]) auf die Problemstellung, um so die
Mengenplanung und Terminplanung gleichzeitig durchführen zu
können. Durch Einführung mehrerer Entscheidungsebenen wird
versucht, Teilpläne zu erstellen, die dann als System vermasch-
ter Regelkreise interpretiert werden können [21]. Durch die Be-
tonung des Zusammenwirkens der Teilpläne sollen Reduzierungen
der Problemumfänge und realitätsnähere Modellbildung und die
Beachtung der in der betrieblichen Praxis vorzufindenden Ent-
scheidungshierarchien möglich werden [44]. Hierarchische Systeme zur Produktionsplanung und -steuerung sind jedoch von der
praktischen Einsatzfähigkeit noch weit entfernt. Zuvor sind
noch umfangreiche Forschungsarbeiten, hauptsächlich auf den
Gebieten der Sensitivität gegenüber Programmentscheidungen und
Kapazitätsveränderungen zu leisten [38].

Abschließend kann festgehalten werden: Alle derzeit bekannten
W e i t e r e n t w i c k l u n g e n  der Mengen- und Termin-
planungsfunktion sind für den Einsatz bei Linienfertigung
n o c h   n i c h t   r e i f . Es bestehen noch allzu
viele einschränkende Annahmen. Aus diesem Grund muß ein auf
Linienfertigung zugeschnittener   g r u n d s ä t z -
l i c h e r   N e u a u f b a u   der Mengen- und Termin-
planungsfunktion erfolgen.

---

1) Ein Planungssystem ist hierarchisch strukturiert, wenn eine
   Zerlegung des Planungssystems in mehrere Teil- bzw. Sub-
   systeme erfolgt ist, derjenige Aspekt bekannt ist, hinsichtlich dessen eine Über- bzw. Unterordnung der Teil- und Sub-
   systeme vorliegen soll und diejenigen Eigenschaften bekannt
   sind, welche die Über- bzw. Unterordnungsrelationen zu erfüllen haben, Zäpfel [21].

Für Linienfertigung soll ein Weg gefunden werden, Mengen
und Termine so zu bestimmen, daß sie minimale Durchlaufzeiten
und Bestände bewirken. Der bisher beschrittene Weg des "scheib-
chenweisen Verbesserns", bei dem man konventionell aufgebaute
Systeme an die Problemstellung der  L i n i e n f e r t i -
g u n g  a n z u p a s s e n  versucht, aber den grundsätz-
lichen Aufbau dieser Systeme beibehält, verspricht  k e i n e
nennenswerten  V e r b e s s e r u n g e n   mehr (vgl. [2],
[28]). Deshalb muß ein  v ö l l i g  n e u e r  , auf
Linienfertigung zugeschnittener  S y s t e m a u f b a u
erarbeitet werden. Dieser Systemaufbau muß sich - stärker als
der konventioneller Systeme - am Linienfertigungsprozeß orientieren. Die vorliegende Arbeit befaßt sich daher zunächst grundsätzlich mit dem Linienfertigungsprozeß an sich. Ergebnisse dieses
Arbeitsschritts sind zum einen  M o d e l l e  [1] aller zeitlich unveränderlichen und zeitlich veränderlichen Prozeßvorgaben, zum anderen Aussagen zum Koordinationsbedarf und den
vorhandenen dispositiven Freiheitsgraden beim Linienfertigungsprozeß. Ziel der Arbeit ist die Ableitung eines auf  L i n i e n -
f e r t i g u n g  z u g e s c h n i t t e n e n  M e n g e n -
u n d  T e r m i n p l a n u n g s s y s t e m s   aus diesen Modellen, das zu minimalen Durchlaufzeiten und niedrigen
Beständen führt.

---

1) Ein Modell ist ein konstruiertes, leicht veränderbares und
   erfaßbares System, das ein zu untersuchendes und schwer
   veränderbares und erfaßbares System bezüglich einer bestimmten Fragestellung repräsentiert. Es repräsentiert nur diejenigen Elemente des Systems, die für die gegebene Problemstellung relevant sind, Niewerth [12]. Bei Anwendungen von
   Modellen in den Realwissenschaften werden oft speziellere
   Definitionen des Modellbegriffs verwendet. In den Wirtschafts
   wissenschaften z.B. versteht man unter einem Modell allgemeine oder abstrahierende, widerspruchsfreie Aussagen über
   die Struktur und das Verhalten eines Ausschnitts der wirtschaftlichen Realität, Baetge [47]. Alle Begriffsbildungen
   weisen jedoch auf die Abstraktheit des Modellbegriffs hin,
   Kirsch u.a. [48], Pichler [49], Buslenko [50].

Von großer Bedeutung für die Zielerreichung ist die anwendungs-
gerechte Beschreibung der vom System zu verarbeitenden Informationen. Die eingesetzte   M e t h o d i k   zur Erstellung
dieses auf Linienfertigung zugeschnittenen Mengen- und Terminplanungssystems muß aus diesem Grund auf die Anforderungen des
verwendeten Informationsverarbeitungsverfahrens abgestimmt
sein. Rasche Informationsverarbeitungen und Einbindungen
in bestehende Produktionsplanungs- und -steuerungs-
systeme sind nur möglich, wenn das System für DV-Anlagen entworfen wird. Aus diesem Grund wird in der vorliegenden Arbeit
eine Methodik eingesetzt, die zur Darstellung der für die
Mengen- und Terminplanung relevanten Prozeßvorgaben und Informationen formale, d.h. in logischen Symbolen und Zahlen-
werten abgefaßte Modelle benutzt[1]. Die Modellerstellung wird
übersichtlicher, wenn der Linienfertigungsprozeß aus unterschiedlichen Blickwinkeln betrachtet wird. So können z.B. für
die Feststellung der Materialbewegungen im Prozeß die Betrachtungen auf die den Materialfluß bestimmenden Größen -
wie Bearbeitungsstationen und Arbeitsfolgen - eingeschränkt
werden, während sich die im Umlauf befindlichen Materialmengen
aus anderen Größen - wie etwa Durchlaufzeit und Ausbringungsmengen - herleiten.
Die Herleitung von Modellen zu den   z e i t l i c h   u n -
v e r ä n d e r l i c h e n   oder den   z e i t l i c h
v e r ä n d e r l i c h e n   Prozeßvorgaben verlangt unterschiedliche Vorgehensweisen, um der Andersartigkeit der zu verarbeitenden Größen Rechnung tragen zu können.

---

1) Über den praktischen Nutzen der Programmierbarkeit hinaus
   zwingen formale Beschreibungen zu Eindeutigkeit und Klar-
   heit, wodurch auch eine bessere Qualität dieser Beschrei-
   bunden erreicht wird, Zeigler [51].

Der Entwurf der Modelle erfolgt dementsprechend mit Hilfe
zweier unterschiedlicher Theorien[1], die sich bereits beim
Aufbau ähnlicher Modelle bewährt haben. Zur Modellierung
der zeitlich unveränderlichen Vorgaben des Linienfertigungsprozesses eignet sich besonders die  G r a p h e n -
t h e o r i e [2], die zur Beschreibung von Modellen der
Erzeugnisaufbauten wie z.B. Fertigungsstufensortierung
bereits erfolgreich eingesetzt worden ist (vgl. [52], [53],
[54]), da es sich hierbei um Zuordnungen und Strukturen handelt.
Zur Beschreibung der zeitlich veränderlichen Vorgaben wird
dagegen das Instrumentarium der  S y s t e m t h e o r i e [3]
benutzt, weil damit Verläufe von Mengen und Mengenströmen
besonders übersichtlich behandelt werden können [2], [47].
Jeder für die Mengen- und Terminplanung relevante Sachverhalt
wird jeweils in einem eigenen Modell verankert. Damit wird
nicht nur die  d u r c h g ä n g i g e  und  a b g e -
s c h l o s s e n e  M o d e l l i e r u n g  des jeweils
behandelten Sachverhalts, sondern auch eine  z w e c k m ä s -
s i g e  D e k o m p o s i t i o n  des Mengen- und Termin-

---

1) Unter einer Theorie wird ein wissenschaftliches Aussagen-
   system verstanden, das insbesondere Erklärungs- oder Be-
   gründungsfunktionen im wissenschaftlichen Begründungs-
   prozeß erfüllen soll. Ferner wird die Theorie im allgemeinen als notwendige Grundlage der wissenschaftlichen
   Technologie angesehen, also als Voraussetzung für die
   Ableitung wissenschaftlich fundierter Handlungsempfeh-
   lungen zur Lösung praktischer Probleme betrachtet, Wild [55].
   Theorien machen vorhandenes Wissen verfügbar und anwendbar.
   Aus ihnen resultieren deshalb Methoden, welche den zu den
   Modellen gehörigen überlegen sind, vgl. Pichler [49].
   Mittels der hinter den Modellen stehenden Theorien können
   dann Schlüsse gezogen werden, die - bezogen auf das je-
   weilige Modell - neue Aussagen darstellen bzw. dessen
   Gültigkeit absichern.
2) Zu den Grundbegriffen der Graphentheorie, siehe z.B.
   Noltemeier [56], Sedláček [57].
3) Die Grundbegriffe der Systemtheorie können, z.B. Pichler [49].
   Mesarović [58], Klir [59], entnommen werden.

planungsproblems   i n   ü b e r s c h a u b a r e
T e i l p r o b l e m e erreicht. Das gesamte, für
die Mengen- und Terminplanung relevante Abbild des Linienfertigungsprozesses wird dann als Modellsystem[1] angegeben,
das sämtliche Modelle umfaßt. Durch diese Vorgehensweise
wird die Aufteilung des Gesamtabbilds der Linienfertigung
auch beim Entwurf des Informationsverarbeitungsschemas kon-
sequent beibehalten: Überträgt man jedes der Modelle in
einen Datenbestand und interpretiert die Informationsbeziehungen des Modellsystems als Datenverknüpfungen, so ergibt
sich daraus das   v o l l s t ä n d i g e   K o n z e p t
f ü r   d e n   d a t e n t e c h n i s c h e n   A u f b a u
des Mengen- und Terminplanungssystems für Linienfertigung.

---

1) Unter einem Modellsystem sei eine Menge von Modellen
   verstanden, die durch Informationsbeziehungen miteinander verknüpft sind, Dück u.a. [60].

5   <u>MODELLE FÜR DIE ZEITLICH UNVERÄNDERLICHEN</u>
    <u>PROZESSVORGABEN</u>

Detaillierte Modelle von P r o d u k t i o n s p r o z e s s e n
werden im allgemeinen sehr umfangreich, da es sich bei Produktionsprozessen um  k o m p l i z i e r t e  S y s t e m e  handelt [50]
Dies gilt natürlich auch für die Modelle von Produktionsprozessen,
die zur Mengen- und Terminplanung dienen (vgl. [28]). Als Grundlage für die Mengen- und Terminplanung wurden aus diesem Grund
bisher nur sehr grobe Modelle des Produktionsprozesses verwendet,
die alle die in 2.3 dargelegte Zweiteilung zum Kern haben. Bei
Linienfertigung reduziert jedoch die große Anzahl zeitlich unveränderlicher Prozeßvorgaben die Kompliziertheit der Prozeßmodelle
erheblich. Infolgedessen ist es möglich,  d e t a i l l i e r t e
und dennoch  a n w e n d b a r e  Modelle des Linienfertigungsprozesses zu erstellen, die zur Mengen- und Terminplanung benutzt
werden können. Insbesondere aus der starken Orientierung des Linienfertigungsprozesses an der Erzeugnisstruktur lassen sich zahlreiche
Ansatzpunkte für die Erstellung detaillierter Modelle gewinnen[1].
Außer der Erzeugnisstruktur sind auch

> o produktionsbedingte Zeit- und Mengenverbräuche
> (infolge fester Zuordnung von Einzelaufgaben zu
> Betriebsmitteln) sowie

> o Angaben zu benötigten Objektmengen je Einzelaufgabe
> (wegen feststehender Teileverwendungen) und die

> o Materialflußbeziehungen

bei Linienfertigung zeitlich unveränderlich.

Alle diese Prozeßvorgaben werden im folgenden Abschnitt zunächst
zu einem  a l l g e m e i n e n  und  u m f a s s e n d e n
M o d e l l  des Produktionssystems verarbeitet.

---

[1] Die Strukturanalyse der Erzeugnisse erfolgt ja gerade objekt-
    orientiert nach Baugruppen, Einzelteilen, Rohmaterialien etc.
    und nicht verrichtungsorientiert, Stommel [53].

Aus diesem Modell lassen sich alle nachfolgend entwickelten Modelle ableiten. Die Linienfertigung kann so übersichtlich und formal nachvollziehbar als Spezialfall dieses Modells abgegrenzt werden, wobei hauptsächlich das Verhalten[1] von Linienfertigungsprozessen zu speziellen, für die Dispositionsdatenerstellung zweckmäßigen Prozeßmodellen führt.

## 5.1 Allgemeines Produktionssystem

Ausgangspunkt für alle nachfolgenden Modellierungsschritte bildet in Anlehnung an [21] eine Darstellung des Produktionssystems, die

> o die **E i n z e l a u f g a b e n**  als Ergebnis der Arbeitsteilung im Produktionsprozeß,

> o die **Z u o r d n u n g** von **E i n z e l a u f - g a b e n  z u  S t e l l e n**  bzw. **B e - t r i e b s m i t t e l n**  und als Folge

> o die **M a t e r i a l f l u ß b e z i e h u n g e n** innerhalb des Produktionsbereiches

beschreibt. Die zugehörigen formalen Größen werden zunächst als allgemeingültige Variablen angegeben, die für jeden Anwendungsfall spezifiziert werden können. Im einzelnen sind diese Variablen

> - die Menge[2] aller Einzelaufgaben $A$[3]

> - die Menge aller Kapazitätseinheiten $P$

---

1) Unter dem Verhalten eines Systems sei allgemein die Transformation von Stoffen, Energie und Information verstanden, Kirsch u.a. [48], wobei diese Transformation im vorliegenden Fall der Linienfertigung als zielgerichtete Folge verbundener Aktivitäten einen Prozeß darstellt, Krieg [61].

2) Zum Mengenbegriff siehe Meschkowski [62].

3) Für die Mengen- und Terminplanung sind selbstverständlich nur Einzelaufgaben von Interesse, die direkt mit der Leistungserstellung im Zusammenhang stehen, wie z. B. die Ausführung von Arbeitsschritten oder Veranlassung von Materialbestellungen. Indirekt mit der Leistungserstellung verknüpfte Einzelaufgaben, wie Lohnabrechnung oder Bestellbestätigung etc., brauchen nicht betrachtet zu werden, da Zeitpunkt und Umfang ihrer Erfüllung auf Produktionsmengen- und -termine ohne Einfluß sind.

>     - die Abbildung g: A → P, die jeder Einzelaufgabe
>       aus A Kapazitätseinheiten[1] aus P zuordnet und
>
>     - die Menge aller zwischen den einzelnen Kapazitäts-
>       einheiten P möglichen Materialflußbeziehungen MS.

Anhand dieser Größen läßt sich jedes K o o r d i n a t i o n s -
p r o b l e m in der Produktion vollständig umreißen, denn die
genannten Größen definieren die zu koordinierenden Aufgaben -
z. B. Zuschneiden von Tafelblechen, Pressen von Motorhauben etc.;
außerdem geben sie die ausführenden Stellen an (z. B. Einzelaufgabe Motor montieren auf Montagelinie 5). Sie umfassen also
alle für die Koordination wesentlichen Vorgaben zu den Ablauffolgen.
Die Abbildung g gibt die Zuordnung zwischen diesen Einzelaufgaben
und den Kapazitätseinheiten aus P wieder, wie sie die technologischen und ablaufspezifischen Vorgaben der Arbeitsvorbereitung[2]
vorschreiben. Jede Einzelaufgabe aus A wird danach bestimmten
Kapazitätseinheiten zugeteilt. Die Menge der Materialflußbeziehungen MS zwischen den Kapazitätseinheiten P liegt erst mit einer
speziellen Zuordnung der Einzelaufgaben zu den Kapazitätseinheiten
fest. Sie sei deshalb zunächst allgemein als quadratische Bezie-
hungsmatrix aller Kapazitätseinheiten aus P erklärt[3].

Alle in der oben beschriebenen Weise definierten Größen lassen sich
in Anlehnung an [21] zum formalen Modell des a l l g e m e i n e n
P r o d u k t i o n s s y s t e m s

$$S = (A, P, g, MS)$$

zusammenfassen (Bild 11). In der vorliegenden Form beschreibt S
ganz allgemein alle Produktionssysteme - unabhängig von organisatorischen Besonderheiten. Es trifft also auf Linienfertigung,
Werkstattfertigung und andere Organisationsformen gleichermaßen zu.

---

1) Unter einer Kapazitätseinheit sei dabei ein Betriebsmittel
   oder eine Gruppe funktionsgleicher Betriebsmittel, die zum
   Zwecke der Kapazitätsangabe zu einer Einheit zusammengefaßt
   sind, verstanden.

2) Die Arbeitsvorbereitung gibt die generellen Richtlinien und
   Entscheidungen zur Fertigungsorganisation und dem Prozeßablauf
   vor (vgl. Wagner [63]).

3) Zur Herleitung der Darstellung von Materialflußbeziehungs-
   matrizen vgl. Warnecke u.a. [64].

Dieses Modell wird für die hier verfolgten Ziele auf die Erfordernisse der Mengen- und Terminplanung bei Linienfertigung zugeschnitten.

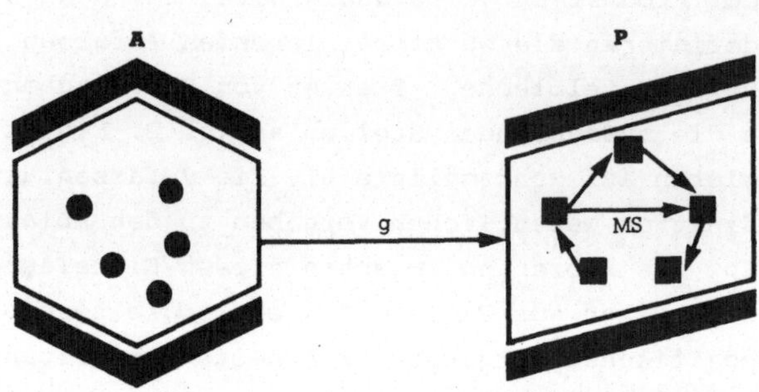


**Bild 11:** Das allgemeine Produktionssystem S

## 5.2 Erzeugnisstrukturgraph

Zur Bestimmung von Mengen und Terminen müssen bei Linienfertigung nicht alle mit der Leistungserstellung verbundenen Einzelaufgaben betrachtet werden. Es sind nur solche Einzelaufgaben von Belang, die - wie z. B. die Montage eines Motors oder das Pressen eines Kotflügels - auf der Prozeßebene Materialvereinnahmungen oder -veränderungen bewirken. Einzelaufgaben - wie etwa Fahrwerkskonstruktion - fallen nicht darunter, da sie bei Linienfertigung bereits in der Vorbereitungsphase der Produktion abgewickelt werden und Produktionsmengen- und -termine davon unberührt bleiben[1].

---

1) Derartige Projekt- und Konstruktionsaufgaben werfen bei Werkstatt-fertigungen mitunter den Hauptteil der Koordinationsprobleme auf - insbesondere bei Einzelfertigung. Die Lösung des Mengen- und Terminplanungsproblems im hier definierten Sinne ist dort deswegen oft von untergeordneter Bedeutung, Stommel [53].

Die nachfolgenden Betrachtungen können sich daher auf einen
T e i l   d e r   E i n z e l a u f g a b e n   A   des allgemeinen Produktionssystems S beschränken, der im folgenden mit
$\bar{A} \subset A$ bezeichnet sei.

Die bei Linienfertigung anzutreffende Ausgereiftheit der Erzeugnisse (vgl. 3.2) läßt es darüber hinaus zu, jedem Objekt (Rohmaterial, Zwischenerzeugnis, ...) eindeutig nur  e i n e  Einzelaufgabe zuzuweisen. Führt die Erfüllung einer Einzelaufgabe z. B.
zur Fertigstellung einer Baugruppe, so kann diese Einzelaufgabe
mit eben dieser Baugruppe gleichgesetzt werden, ohne daß dadurch
Mehrdeutigkeiten entstehen. Selbst wenn sich zwei Objekte äußerlich nicht unterscheiden - wie etwa eine Kurbelwelle vor der
Wärmebehandlung und die behandelte Kurbelwelle - handelt es sich
um unterschiedliche Objekte im Sinne des Fertigungsfortschritts,
die unterschieden werden können und müssen. Linienfertiger machen
sich dies als Möglichkeit zur Beschreibung von Prozeßvorgaben bei
der Vergabe interner Identnummern zunutze, indem sie statt der
Einzelaufgabe gleich die Objekte bzw. deren Bezeichnungen ansprechen.
[65][1]. Das Problem der Koordination von Einzelaufgaben - wie es
die Mengen- und Terminplanung darstellt - kann man bei Linienfertigung folglich auf die Koordination der im Prozeß auftretenden Objekte reduzieren; Einzelaufgaben, wie etwa Arbeitsvorgänge, brauchen dazu nicht mehr eigens genannt zu werden. Die Menge der zu
koordinierenden Objekte ist mit der Menge der in der Erzeugnisbeschreibung des Linienfertigungsprozesses zusammengefaßten Objekte
identisch. Sie sei hier als Menge V bezeichnet. Durch konsequente
Ausnützung der bei Linienfertigung anzutreffenden Gegebenheiten
kann so erreicht werden, daß die Menge A der Einzelaufgaben in S
auf die Objektmenge V eingeschränkt und mit der Erzeugnisstrukturbeschreibung zusätzlich noch die Verwendungszusammenhänge zwischen
den Objekten aus V ins Modell einbezogen werden können.

---

1) Bei Werkstattfertigung ist die Zuordnung von Einzelaufgaben und
   Objekten nicht so eindeutig; zum einen ist es bei großer Objektvielfalt dort einfacher, Einzelaufgaben wie Gewindeschneiden oder
   Härten als allgemein verständlichen Identbegriff zu benutzen,
   andererseits liegt der technologische Ablauf zur Erstellung der
   Teile oft höchstens bis auf Verfahrensalternativen - etwa Bohren,
   Gewindeschneiden und Räumen auf Bearbeitungszentren oder Bohren,
   Gewindeschneiden und Räumen jeweils auf Einzelmaschinen - fest.

Erzeugnisbeschreibungen werden in der Praxis in unterschiedlichen Darstellungen verwendet[1]. Als Hilfsmittel zur Mengen- und Terminplanung sind ausschließlich Darstellungen der Erzeugnisse zweckmäßig, die Informationen über die erforderlichen Mengen an Vormaterial je Erzeugnis sowie über den zeitlichen Verlauf der Erzeugniserstellung enthalten [53]. Mehrfach auftretende Objekte müssen in der Darstellung kenntlich sein, um die gemeinsame Dispositionsdatenerstellung zu ermöglichen[2]. Die Erzeugnisbeschreibung des E r z e u g n i s s t r u k t u r g r a p h e n [3] - auch G o z i n t o g r a p h e n [4] - genügt diesen Anforderungen und wird deshalb den weiteren Modellierungsschritten zugrundegelegt.

---

1) Dies liegt darin begründet, daß die jeweiligen Darstellungen für unterschiedliche Zwecke benutzt werden. Die Konstruktionsabteilun z. B. benötigt Erzeugnisstrukturbeschreibungen als Unterlagen zur ständigen technischen Überarbeitung der Produkte, während sie die Arbeitsvorbereitung zur Planung von Material- und Arbeitsaufwand pro Erzeugnis heranzieht, Stommel [53].

2) Würden im Falle mehrfach in der Erzeugnisstruktur auftretender Objekte die Dispositionsdaten unabhängig voneinander erstellt (je Objekt), so könnten z. B. keine Bündelungen des Bedarfs an gleichen Objekten erfolgen. Die Folge wäre entweder zu häufige Auflegung dieses Objekts auf der zugeordneten Kapazitätseinheit oder hohe Bestände - je nachdem, ob bedarfsorientiert, bestellpunktorientiert oder mit festen Losgrößen gearbeitet wird, Orlicky [66].

3) Graphentheoretisch ausgedrückt ist der Erzeugnisstrukturgraph ein gerichteter bewerteter Graph, dessen Knotenmenge V die Rohmateria lien, Zwischenerzeugnisse, Bauteile, Bauelemente, Baugruppen oder Endprodukte repräsentiert und dessen Kantenmenge K die "Enthalte seins-Beziehungen" darstellt. Die Knotenwerte sind die Teilestamm daten, die Kantenwerte geben die Vielfachheit an, in der ein "Unter"-Teil in einem "Ober"-Teil enthalten ist, Noltemeier [56].

4) Diese Bezeichnung geht auf Vazsonyi [67] zurück. Er nennt als Erfinder des "Gozinto-Graphen" den Pseudo-Mathematiker Zapartzat Gozinto. Der Name erklärt sich aus dem englischen Satz: The part that goes into.

Neben den bereits angegebenen Festlegungen gestattet die Ausgereiftheit des Linienfertigungsprozesses noch eine weitere Spezialisierung. Bei Linienfertigung besteht nämlich weder die Möglichkeit, (je nach Verfügbarkeit und Bedarf) unterschiedliche Rohmaterialien für die Herstellung ein und desselben Objekts zu ver-
wenden, noch ist die Umarbeitung von Teilen zur Deckung irgendwelcher
vom ursprünglichen Verwendungszweck abweichender Bedarfe möglich[1].
Als Folge hiervon läßt sich bei Linienfertigung ein  f e s t e r
und bezüglich aller Verwendungen  e i n d e u t i g e r  Erzeugnisstrukturgraph angeben[2]. Dies wiederum bedeutet, daß die die
Einhaltenseins-Beziehungen darstellende Kantenmenge K in der formalen
Darstellung den Knoten aus V ohne wahlweise Alternativen fest zugeordnet werden kann. In der formalen Darstellung leisten die Abbildungen a und b

$$a: K \rightarrow V \qquad a(v,w) = v$$
$$b: K \rightarrow V \qquad b(v,w) = w$$
$$\text{mit } (v,w) \in K \text{ und } v, w \in V$$

diese feste Zuordnung zwischen der Knotenmenge V und der Kantenmenge K. a(v,w) heißt dabei Anfangsknoten und b(v,w) Endknoten von
(v,w) ∈ K. In welchen Mengen ein Objekt in das mit ihm als Endknoten
verbundene Erzeugnis eingeht, wird durch die Kantenbewertung des
Erzeugnisstrukturgraphen G, die durch die Abbildung

$$F: K \rightarrow \mathrm{I\!R}, \qquad \mathrm{I\!R}: = \text{Menge der reellen Zahlen}[3],$$

---

1) Dies ist unmittelbare Folge davon, daß bei Linienfertigung kein
   Freiheitsgrad bei der Verfahrenswahl besteht (vgl. Abschnitt 3.2).

2) Dieser Graph hat neben der Eindeutigkeit auch die Eigenschaft
   der Kreisfreiheit, d.h. keine Baugruppen bzw. kein Teil geht -
   weder unmittelbar noch mittelbar über andere Objekte - in sich
   selbst ein, Noltemeier [56].

3) Die Abbildung eines Produktionsprozesses von Stückgütern legt
   eine Bewertung der Kanten des Erzeugnisstrukturgraphen durch die
   natürlichen Zahlen nahe. Das Ziel, die Rohmaterialien mit in die
   Betrachtungen einzubeziehen, kann jedoch nur erreicht werden, wenn
   neben Angaben zu Stück/Einheit auch Größen wie m/Einheit, kg/Ein-
   heit usw. verrechnet werden können. Deshalb wird mit reellwertigen
   Größen gearbeitet.

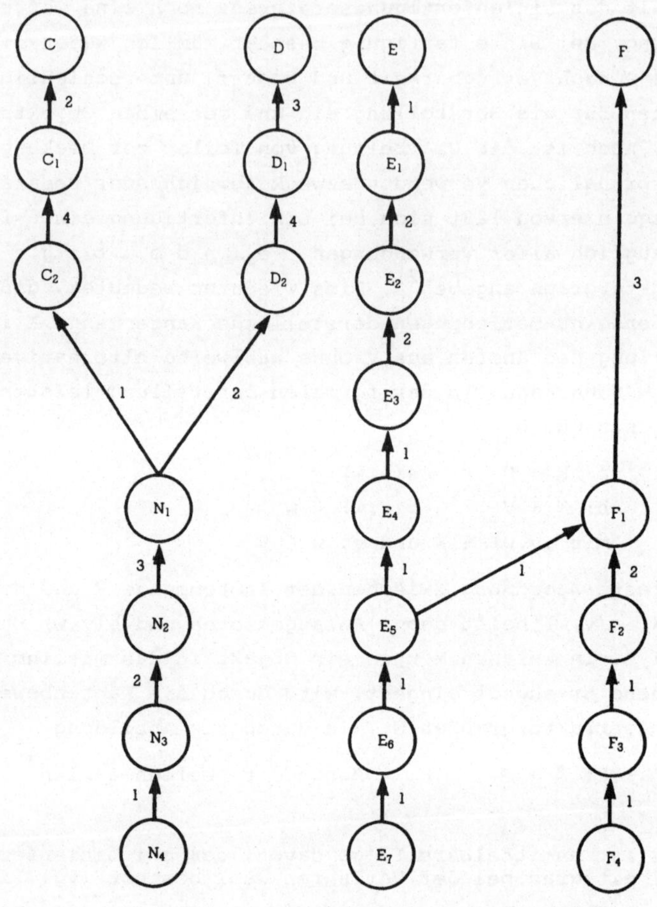



**Bild 12**: Beispielerzeugnisstruktur einer Linienfertigung

jeder Kante k ∈ K einen Wert zuweist, festgehalten. Als vollständige   f o r m a l e   D a r s t e l l u n g   des   E r z e u g n i s s t r u k t u r g r a p h e n   kann also

$$G: = (V,K,F,a,b)$$

mit den oben festgelegten Größen dienen.

## 5.3 Dispositionsstruktur

Ein Mengen- und Terminplanungssystem muß innerhalb von kurzen Zeiträumen aktuelle Dispositionsdaten bereitstellen. Die Modelle, die der Dispositionsdatenerstellung zugrundeliegen, sind deshalb klein zu halten, um den stets von neuem anfallenden Rechenaufwand zu begrenzen. Aus diesem Grund wird aus dem Erzeugnisstrukturgraphen ein einfacheres Modell hergeleitet, das aber alle für die Mengen- und Terminplanung erforderlichen Informationen enthält. Dies ist bei Linienfertigung möglich, da zur Mengen- und Terminplanung nur ein Teil der im Erzeugnisstrukturgraphen auftretenden Objekte V betrachtet werden muß. Aus den für diese Objekte ermittelten Eckdaten können koordinierende Vorgaben für die nicht betrachteten Objekte abgeleitet werden. In vielen Fällen sind solche Zusatzüberlegungen sogar überflüssig, da die Abläufe durch verkettete Fertigungseinrichtungen oder Fertigungsstraßen ohnehin festgelegt sind.

In jedem Fall sind für alle Linien die zu erreichenden Ausbringungen als Dispositionsdaten vorzugeben. Darüber hinaus gibt es bei Linienfertigung noch eine Anzahl weiterer Objekte, für die aus unterschiedlichen Gründen Dispositionsdaten erstellt werden müssen. Die Menge dieser Objekte setzt sich aus mehreren Teilmengen D1 - D5 zusammen, die im folgenden definiert und formal angegeben werden:

Die Teilmenge D1 umfaßt alle   K a u f t e i l e   und   R o h materialien   des Erzeugnisstrukturgraphen. Zu diesen müssen Dispositionsdaten in Form von Lieferabrufen bzw. terminierten Liefermengen bestimmt werden, die dann an die Lieferanten weitergegeben werden können (an diesen Stellen erfolgt der Systemeintritt der Objekte).

Eine weitere Teilmenge D2 kennzeichnet alle E n d p r o d u k t e , die das Produktionssystem hervorzubringen hat. Auf diese Objekte bezieht sich der zeitlich differenzierte vorgegebene Primärbedarf, der dem Produktionssystem vorgegeben wird.

Geht ein Objekt in mehrere Baugruppen ein, so erfolgt eine M e h r f a c h v e r w e n d u n g . Zu diesen Objekten sind Dispositionsdaten zu errechnen, damit die Bündelung der einzelnen Bedarfsmengen und die Reservierung von Materialmengen geplant erfolgen kann. Alle diese Objekte sind Elemente der Menge D3.

In der Teilmenge D4 werden alle Objekte zusammengefaßt, zu denen Dispositionsdaten bereitgestellt werden müssen, weil sie als Z u s a m m e n b a u t e n  aus mehreren Objekten entstehen. Alle benötigten Vormaterialmengen und -termine müssen auf den Zeitpunkt des Zusammenbaus hin ausgerichtet werden können.

Zielen mehrere Objekte auf dieselbe Kapazitätseinheit, so sind die zugehörigen Dispositionsdaten in gegenseitiger Abhängigkeit zu erstellen, falls sie um eine begrenzte Kapazität konkurrieren und Mengen und Termine sich deshalb gegenseitig beeinflussen. Teilmenge D5 sondert daher alle Objekte aus, deren erzeugende Kapazitätseinheit auch zur Herstellung anderer Objekte dient. Dadurch wird die K a p a z i t ä t s k o n k u r r e n z  in die Mengen- und Terminplanung einbezogen. Hierbei sind die Objekte angesprochen, die im Produktionsprozeß im Mittel mit höherer Geschwindigkeit produziert als verbraucht werden; sollen die betreffenden Kapazitätseinheiten ausgelastet werden, müssen sie durch weitere Objekte belegt werden (Bild 13).

Die Teilmengen D1 bis D5 stellen die vollständige Auflistung der fü: die Mengen- und Terminplanung bei Linienfertigung bedeutsamen Erzeugnisse dar [68] [1). Sie lassen sich aus der Erzeugnismenge V anhand formaler Kriterien aussondern. Dazu werden folgende Vereinbarungen getroffen:

---

1) Zu den nicht durch Kapazitätskonkurrenz betroffenen Objekten, die aus technischen Gründen (z. B. nur langsamer Arbeitstakt möglich) nicht bedarfsgerecht produziert werden können, werden hier keine Dispositionsdaten erstellt. Auf solche Fälle abgestimmten Dispositionsdaten verschleiern nur die Ursachen und Ungereimtheiten im Produktionsprozeß selbst. Diese Fälle müssen bei Linienfertigung möglichst durch andere Prozeßgestaltung vermieden werden.

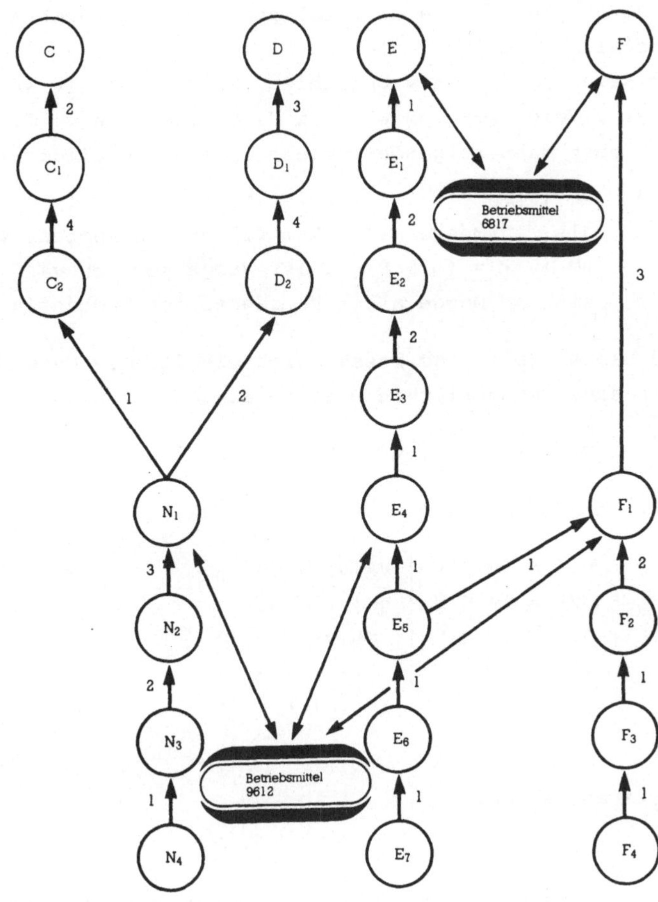



**Bild 13:** Von Kapazitätskonkurrenz betroffene Objekte in der Beispielerzeugnisstruktur

Die Abbildung g diene zusätzlich zu dem in 5.1 beschriebenen
Zweck (Zuordnung zwischen den Objekten und Kapazitätseinheiten)
auch zur Erfassung von Kapazitätskonkurrenzen, indem mittels
g die Anzahl der den Kapazitätseinheiten zugeordneten Objekte
festgestellt wird.

Ferner seien u, v, w $\in$ V beliebige Kanten aus G (v,w) $\in$ K.
Dann ist v Vorgänger von w und w Nachfolger von v. Je Knoten
aus V können dann folgende Knotenteilmengen gebildet werden:

$$NM \ (v) := \{u \in V \mid u \text{ ist Nachfolger von } v\}$$

als  Menge aller Nachfolger des Knotens v $\in$ V und

$$VM \ (v) := \{u \in V \mid u \text{ ist Vorgänger von } v\}$$

als  Menge aller Vorgänger des Knotens v $\in$ V.

Anhand dieser Teilmenge lassen sich die für die Mengen- und
Terminplanung wesentlichen Objekte aussondern nach

$$\hat{V} := \{v \in V \mid v \in (D1 \cup D2 \cup D3 \cup D4 \cup D5)\}^{1)},$$

wobei sich die Teilmengen D1 bis D5 nach

$$D1 := \{v \in V \mid VM(v) = \emptyset\}$$
$$D2 := \{v \in V \mid NM(v) = \emptyset\}$$
$$D3 := \{v \in V \mid \mid NM(v) \mid > 1\}$$
$$D4 := \{v \in V \mid \mid VM(v) \mid > 1\}$$
$$D5 := \{v \in V \mid \mid g^{-1}(g(v)) \mid > 1\}$$

formulieren lassen.

---

1) Da die Mengen D1 bis D5 jeweils Teilmengen der Menge V darstellen, kann V als Grundmenge dieser Mengen angesehen werden,
so daß die bei der Bildung von $\hat{V}$ ausgeführten Mengenoperationen
definiert sind. Selbstverständlich sind nur Problemstellungen
relevant, für die V $\neq \emptyset$ gilt.

Die Aussonderung der Objekte aus V in der angegebenen Art geschieht nach streng formalen Kriterien, die aus den Erfordernissen der Mengen- und Terminplanung abgeleitet wurden. Sie kann deshalb leicht algorithmisch durchgeführt werden. Die sich im Beispielgraphen ergebene Objektmenge $\hat{V}$ ist im Bild 14 veranschaulicht.

Um die vollständige Struktur eines Graphen auch für $\hat{V}$ beibehalten zu können, muß die Beschränkung der Betrachtungen auf ausgewählte Objekte des Erzeugnisstrukturgraphen auch auf die Beziehungen zwischen den Objekten aus $\hat{V}$ übertragen werden. Die im Erzeugnisstrukturgraphen angegebene Kantenmenge K geht vom Vorhandensein aller Knoten aus V aus. Liegt den Betrachtungen nur noch ein Teil der Objekte zugrunde, so muß die Beschreibung der Kanten daran angeglichen werden. Dies erfolgt, indem ein Objekt $\hat{v}_u$, das in G erst über mehrere in $\hat{V}$ nicht mehr enthaltene Objekte in ein "Oberteil" $\hat{v}_o$ eingeht, muß dann als direkt in $\hat{v}_o$ eingehend behandelt werden. Auf diese Weise entsteht ein Graph, der genau dort eine Kante $\hat{k}$ zwischen zwei Knoten $\hat{v}$, $\hat{w} \in \hat{V}$ aufweist, wo im Erzeugnisstrukturgraphen G ein Weg[1] $W_{\hat{v},\hat{w}}$ vorliegt. Die sich so ergebende Kantenmenge sei mit $\hat{K}$ bezeichnet. Die Kantenbewertungen F des Graphen G werden entsprechend so umgerechnet, daß sie - ausgehend von $\hat{v}_u$ - auf das nächste in $\hat{V}$ enthaltene Objekt $\hat{v}_o$ bezogen sind. Die Verwendungsmengen der Objekte aus $\hat{V}$ je Oberteil können durch Multiplikation der Kantenbewertungen $F(k_i)$ der durch die neue Kante $\hat{k}$ ersetzten Kanten $k_1$, ..., $k_{x+1}$ des Weges $W_{\hat{v},\hat{w}}$ in G gewonnen werden nach

$$\hat{f}(k) := \sum_{i=1}^{x+1} f(k_i), \quad k_i \in W_{\hat{v},\hat{w}}$$

Insgesamt entsteht so der     r e d u z i e r t e     G r a p h

$$\hat{G}: (\hat{V}, \hat{K}, \hat{f}, \alpha, \beta),$$

wobei $\alpha$ und $\beta$ jeder Kante aus $\hat{K}$ Anfangs- und Enknoten aus $\hat{V}$ zuweisen.

---

1) Ein Weg in G ist eine endliche Folge $(k_1, k_2, \ldots, k_{x-1}, k_x)$ $= W_{a(k_1),b(k_x)}$ von Kanten aus K mit der Eigenschaft $b_{(k_i)} = a_{(k_{i+1})}$ für $i = 1, \ldots, x-1$, Noltemeier [56].

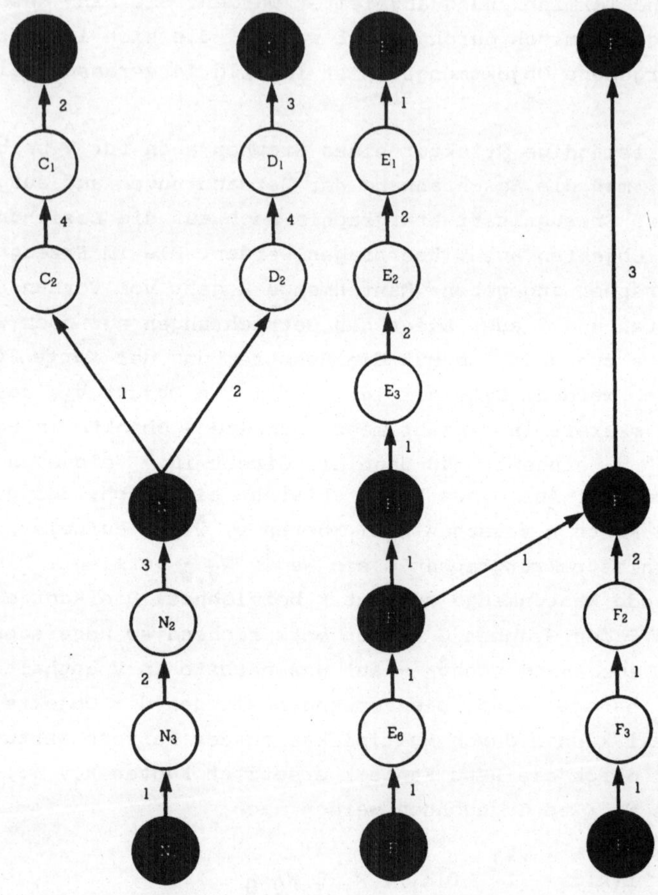

**Bild 14:** Insgesamt aus der Beispielerzeugnisstruktur
zur Mengen- und Terminplanung ausgesonderte
Objektmenge

Es läßt sich beweisen, daß zwischen G und $\hat{G}$ eine Homomorphie besteht[1]. $\hat{G}$ ist deshalb strukturell gleichwertig zum Erzeugnisstrukturgraphen G. Dies äußert sich darin, daß die Dispositionsdatenerstellung anstatt mittels G auch mittels des wesentlich
einfacheren $\hat{G}$ erfolgen kann, ohne daß dadurch wesentliche Vorgaben
vernachlässigt werden. Man kann deshalb im Zusammenhang mit $\hat{G}$
von einem validen[2] Modell von G sprechen.

Die hergeleiteten Enthaltenseinbeziehungen nach Mengen der verwendeten Teile je Objekt aus G berücksichtigen die im realen
Produktionsablauf eintretenden Mengenveränderungen durch  p r o -
z e ß b e d i n g t e n  A u s s c h u ß  noch nicht. Ebensowenig sind Aussagen zu  p r o z e ß b e d i n g t e n  Z e i t -
v e r b r ä u c h e n  - eine notwendige Voraussetzung für jede
Terminplanung - darin abgebildet. Deshalb muß $\hat{G}$ für die Zwecke der
Mengen- und Terminplanung um diese Angaben  e r w e i t e r t
werden. Hierzu werden die für die Mengen- und Terminplanung wesentlichen Größen

> o   die zu berücksichtigenden Mehrmengen infolge
>     von  A u s s c h u ß,
>
> o   Zeitverbrauch durch Durchlaufzeit

in $\hat{G}$ als Kantenwerte eingearbeitet. Jeder Kante $\hat{k} \in \hat{K}$ werden durch
die Abbildungen $\rho$ und $\tau$ zwei Werte zugewiesen:

> o   Der Ausschußfaktor $\rho_{\hat{k}}$, der die ausschußbedingten
>     Mehrmengen in Prozenten angibt und
>
> o   die Durchlaufzeit $\tau_{\hat{k}}$ in Zeiteinheiten.

---

1) Zum Begriff der Homomorphie bei Graphen und zur Beweisführung
   siehe z. B. Noltemeier [56].
2) Zur Validität von Modellen vgl. Zeigler [51].

Damit erhält jede Kante aus $\hat{G}$ insgesamt drei Größen, die als
Kantenbewertungsvektor darstellbar sind nach

$$\begin{bmatrix} \hat{f}_k \\ \hat{\rho}_k \\ \hat{\tau}_k \end{bmatrix} \text{ mit } \hat{k} \in \hat{K} \text{ aus } \hat{G}.$$

Mit dieser Erweiterung von $\hat{G}$ liegt ein einfaches, aber doch für
die Abbildung der zeitlich unveränderlichen Prozeßvorgaben bei
Linienfertigung taugliches Modell vor. Es wird im folgenden als
D i s p o s i t i o n s s t r u k t u r

$$\text{DS: } (\hat{G}, \rho, \tau)$$

bezeichnet (Bild 15).

Die Dispositionsstruktur DS läßt sich nahtlos in das Modell des
allgemeinen Produktionssystems S einfügen, das damit vereinfacht
wird zu

$$\bar{S}: = (DS, P, g, MS).$$

$\bar{S}$ ist damit jedoch noch nicht auf alle für die Mengen- und Terminplanung bei Linienfertigung erforderlichen zeitlich unveränderlichen Prozeßvorgaben spezialisiert. Die hierfür notwendige Diskussion der Prozeßebene steht noch aus.

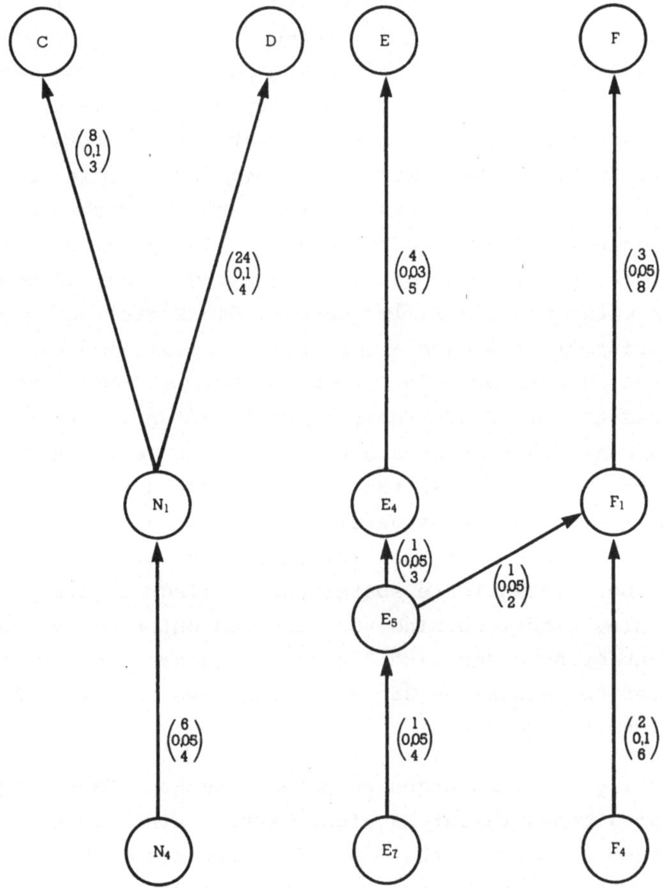

**Bild 15:** Aus der Beispielserzeugnisstruktur abgeleitete
Dispositionsstruktur mit Angabe der
Kantenbewertungsvektoren

## 5.4  Materialflußstruktur

Alle bisherigen Betrachtungen erstrecken sich lediglich auf die
in der Erzeugnisstruktur auftretenden Objekte V. Die gewonnenen
Ergebnisse sind daher noch nicht auf die fertigungsorganisatori-
schen Randbedingungen der Linienfertigung abgestimmt. Beim Aufbau
der Dispositionsstruktur DS werden zwar einige spezifische Aspekte
der Linienfertigung berücksichtigt (bei den Teilmengen D3 - D5),
der für die Mengen- und Terminplanung äußerst wichtige kapazitive
Aspekt jedoch wird außer acht gelassen. Lediglich die Objekte,
die Kapazitätskonkurrenz unterliegen, sind in der Dispositionsstruktur enthalten (in Teilmenge D5). Die Erstellung praxisgerechter Dispositionsdaten erfordert die gemeinsame kapazitive
Betrachtung dieser Objekte. Um eine möglichst enge Abstimmung der Dispositionsdaten mit den tatsächlichen Abläufen im Prozeß zu erreichen, müssen darüber hinaus auch die in den Teilmengen D1 - D4
enthaltenen Objekte Kapazitätsbetrachtungen unterzogen werden (vgl.
3.2). Soll z. B. der Fertigstellungstermin für ein Los einer bestimmten Baugruppe ermittelt werden, so muß man exakt errechnen könne
wann die benötigten Teile spätestens physisch zugeführt werden dürfen
Gelingt dies nicht, so sind nur Vorgaben unter der Voraussetzung
"quasi unbegrenzte Kapazität" möglich und das Ziel kurzer Durchlaufzeiten bei minimalen Beständen ebensowenig erreichbar wie bei
konventionellem Vorgehen.

Wie derartige Betrachtungen angestellt werden könnten, geht aus
der Dispositionsstruktur DS nicht hervor. Erst die Materialflußbeziehungen machen sichtbar, wie die Dispositionsdaten aufeinander aufbauen müssen, um dem kapazitiven Aspekt bei der Mengen-
und Terminplanung Rechnung tragen zu können. Zudem kann nur anhand
der Materialflußbeziehungen festgestellt werden, ob bei dem behandelten Prozeß tatsächlich eine Linienfertigung vorliegt. Das
für die Linienfertigung charakteristische Erzeugnisprinzip beinhaltet, daß die  M a t e r i a l f l u ß p f a d e  im Prozeß
der  E r z e u g n i s s t r u k t u r  entsprechen [33]. Diese
Eigenschaft ist jedoch nicht bei allen denkbaren Zuordnungen g:
$\overset{\wedge}{V} \rightarrow P$ erfüllt, weshalb jede vorgegebene Zuordnung g zunächst auf
diese Eigenschaft hin überprüft werden muß.

Um all dies bei dem betrachteten Prozeß rasch feststellen zu
können, wird ein weiteres Modell erstellt, das den im Prozeß
ablaufenden Materialfluß abbildet. Es ermöglicht darüber hinaus
eine Überprüfung der Linienfertigungseigenschaft und damit die
Zerlegung des gesamten Mengen- und Terminplanungsproblems in
unabhängig behandelbare Teilprobleme. Zur formalen Darstellung
des Materialflußabbildes werden die Materialflußgrößen MS des
allgemeinen Produktionssystems S verwendet. Das Materialfluß-
abbild wird daraus wie folgt abgeleitet:
In der Dispositionsstruktur DS werden alle Objekte, die entsprechend der Abbildung g derselben Kapazitätseinheit zugeordnet sind, zu einem einzigen Knoten verschmolzen. Die Kantenbeziehungen werden in ihrer qualitativen Aussage übernommen;
sie repräsentieren dann den  q u a l i t a t i v e n  M a -
t e r i a l f l u ß , zwischen der von $\hat{V}$ angesprochenen Menge
von Kapazitätseinheiten aus P. Diese Menge von Kapazitätseinheiten
ist lediglich eine Teilmenge der Menge P und soll in der Folge mit
$\hat{P}$ bezeichnet werden. Der Fall der Beschaffung wird so behandelt,
als ob das zu beschaffende Objekt auf einer eigens dafür vorge-
sehenen Kapazitätseinheit entstünde, so daß die gesamte Knotenmenge $\hat{V}$ einheitlich behandelt und jedem Knoten eine Kapazitätseinheit aus $\hat{P}$ zugewiesen  werden kann.


Mit der Einschränkung der Betrachtungen auf die Menge $\hat{P}$ lassen
sich nun auch die Materialflußbeziehungen MS auf die Verhältnisse
des betrachteten Linienfertigungsprozesses zuschneiden. Dabei wird
nur noch die Teilmenge $\hat{P}$ von Kapazitätseinheiten betrachtet und
durch die Kantenbeziehen, die nach dem obigen Verfahren entstehen,
ergänzt. Diese Kantenbeziehungen seien im folgenden mit MS
bezeichnet.
Insgesamt entsteht so der  M a t e r i a l f l u ß g r a p h

$$\hat{MG} := (\hat{P},\ \hat{MS},\ m_a,\ m_b)$$

mit Knotenmenge $\hat{P}$ und Kantenmenge $\hat{MS}$. Er stellt das für die Dispositionsdatenerstellung benötigte Abbild des Materialflusses dar,
wobei $m_a$ und $m_b$ jeder Kante aus $\hat{MS}$ Anfangs- und Endknoten aus $\hat{P}$
zuweisen.

Anhand von $\hat{MG}$ kann nun festgestellt werden, ob das vorliegende
Produktionssystem eine Linienfertigung ist. Dies ist nämlich nur
dann gegeben, wenn sich die Zyklusfreiheit der Dispositionsstruktur DS auf den Materialflußstrukturgraphen $\hat{MG}$ überträgt,
der Materialfluß sich also nicht gegenläufig zum Erzeugnisaufbau
bewegt[1]. Treten jedoch im Materialflußgraphen Zyklen auf, so ist
das behandelte Produktionssystem keine Linienfertigung. Es muß
dann durch technische und organisatorische Maßnahmen zur Linienfertigung gemacht werden. Die hierfür zu ergreifenden Maßnahmen
sind:

- Veränderungen der Zuordnung von
  Objekten zu Kapazitätseinheiten,

- Einfügen zusätzlicher Kapazitätseinheiten
  in den Produktionsprozeß und

- Wahl anderer Verfahren zur Objektbereit-
  stellung (Fremdbezug von Teilen, Fremd-
  vergabe von Prozeßabschnitten).

Nachdem die Dispositionsdatenerstellung auf die Kapazitätseinheiten
aus $\hat{P}$ ausgerichtet wurde, muß auch der Einfluß der Eigenschaften
und Verfügbarkeiten dieser Kapazitätseinheiten auf Mengen und
Termine berücksichtigt werden. Eine eingeplante Menge kann nämlich nur dann termingerecht zugehen, wenn die betroffene Kapazitätseinheit im davorliegenden Zeitraum zur Fertigung dieses Ob-
jektes bereitsteht.
Verfügt eine Kapazitätseinheit über die Eigenschaft der Elastizität[2], so kann sie auch für alternative Einzelaufgaben eingesetzt
werden. Die Kapazitätseinheit steht dann nicht zu jedem beliebigen

---

1) Bei umfangreichen Prozessen liegen mitunter große Dispositions-
   strukturen und zahlreiche Kapazitätseinheiten vor, so daß sich
   der Liniencharakter eines Prozesses oft nicht ohne weiteres
   feststellen läßt. In diesen Fällen kann ein Algorithmus verwendet werden, der den Materialflußgraphen auf Zyklen absucht.
   Ein solcher Algorithmus ist z. B in Wille u.a. [69] angegeben.

2) Die Elastizität einer Kapazitätseinheit deutet auf Anpassungs-
   /Umstellungsfähigkeit oder Beweglichkeit dieser Kapazitätseinheit an wechselnde Einzelaufgaben hin. Sie ist ein Ausdruck dafür, ob und wenn ja, wie rasch die Leistung dieser Kapazitätseinheit an andersartige Einzelaufgaben angepaßt werden kann,
   vgl. Zäpfel [21].

Zeitpunkt zur Verrichtung dieser Einzelaufgabe bereit. Zusätzlich kann der Übergang von einer anderen Einzelaufgabe auf die
zu verrichtende Einzelaufgabe mit Aufwand, den die Umstellung
der betroffenen Kapazitätseinheit mit sich bringt, verbunden
sein. Ist z. B. der Wechsel auf eine andere als die zuvor aus-
geführte Einzelaufgabe der Kapazitätseinheit mit großem Zeitaufwand verbunden - etwa weil Werkzeugwechsel mit Einstellvor-
gängen erforderlich ist - so weist diese Kapazitätseinheit geringe Elastizität auf. Hier stellt sich dann die Frage nach
der Häufigkeit von Umstellungen im Zusammenhang mit Wirtschaft-
lichkeitsüberlegungen [21], zu deren Beantwortung die Elastizität
zahlenmäßig zu erfassen ist. Diese Erfassung ist bei Linienfertigung leicht möglich, da alle die Elastizität bestimmenden
Größen aus der Arbeitsvorbereitung bekannt sind - die Kapazitätseinheiten sind ja genau auf die Prozeßanforderungen zugeschnitten[1]. Also sind sowohl die beim Prozeß eingesetzten
Nutzungsarten einer Kapazitätseinheit als auch die mittels dieser
Nutzungsarten erstellen Objektarten festgelegt. Die Elastizität
einer Kapazitätseinheit zählt bei Linienfertigung daher zu den
zeitlich unveränderlichen Prozeßeigenschaften und die sie beschreibenden Größen können - obwohl sie ja im allgemeinen objekt-
abhängig sind - in diesem Fall eindeutig den einzelnen Kapazitätseinheiten zugewiesen werden.

Kann bei einer Kapazitätseinheit $\gamma \in \hat{P}$ eine Anzahl q von Objektarten aufgelegt werden, so müssen bei der zahlenmäßigen Angabe
des Umstellaufwandes - je nach Abhängigkeit von der zuvor bearbeiteten Objektart - zwei Fälle unterschieden werden:

---

1) Wird beim betrachteten Linienfertigungsprozeß von der
   Elastizität der Kapazitätseinheiten k e i n  Gebrauch
   gemacht, oder liegen gar keine elastischen Kapazitätseinheiten vor, so ist G5 = ∅ und der Materialflußgraph
   fällt - falls Kreisfreiheit gilt - qualitativ mit der Dispositionsstruktur DS zusammen. Bei dieser Betrachtung ist
   selbstverständlich von der Kantenbewertung von DS abstrahiert.

o   Für die Auflegung des Objekts s entsteht ein Aufwand.

$$r^R(\gamma)_s; \quad s \in \{1, \ldots, q(\gamma)\},$$

der sich in Rüstkosten ausdrücken läßt.

o   Für die Auflegung des Objekts s entsteht ein von der
zuvor bearbeiteten Objektart s' abhängiger Aufwand

$$r^R(\gamma)_{s',s}; \quad s, s' \in \{1, \ldots, q(\gamma)\},$$

der in Umrüstkosten ausgedrückt werden kann.

Die angegebenen Kosten[1] umfassen dabei sowohl die Kosten für
den eigentlichen Umstellvorgang als auch die Kosten für die
entgangenen Nutzungsdauern. Die darin enthaltenen Zeitspannen
seien mit

$$\bar{r}^R(\gamma)_s \quad \text{bzw.} \quad \bar{r}^R(\gamma)_{s',s}$$

bezeichnet. Aufgrund der festen Zuordnung der Objekte zu Kapazitätseinheiten kann - im Gegensatz zur Werkstattfertigung - bei
Linienfertigung je Objekt noch eine weitere Prozeßgröße als in
der Zeit unveränderlich angesehen werden - die B e a r b e i -
t u n g s z e i t   j e   E i n z e l o b j e k t . Sie kann
in Zeiteinheiten angegeben werden durch

$$r^X(\gamma)_s; \quad s \in \{1, \ldots, q(\gamma)\},$$

wobei wieder q Objektarten als auf der Kapazitätseinheit $\gamma$
produzierbar vorausgesetzt sind. Da Rüstkosten und Zeitaufwand
für Ein-/Umstellungen den Kapazitätseinheiten direkt zugeordnet
werden können, ist es zweckmäßig, diese Größen dem Materialflußgraphen als Knotenbewertungen beizufügen. Auf diese Weise

---

1) Mit diesen Werten können Auflegemengen festgelegt werden,
   für die sich eine solche Umstellung lohnt. Im Falle der Abhängigkeit von der vorherigen Nutzungsart können wirtschaft-
   liche Rüstfolgen ermittelt werden, vgl. Müller-Merbach [54].

ist gewährleistet, daß Änderungen dieser Werte - etwa als Folge
von veränderten Rüstplänen - nur an einer Stelle im Modell eingebracht werden müssen.

Alle hergeleiteten, den Materialfluß beschreibenden, zeitlich
unveränderlichen Größen der Linienfertigung lassen sich insgesamt zum Modell

$$M: (\hat{P}, \hat{MS}, m_a, m_b, R^R, \bar{R}^R, R^x) = (\hat{MG}, R^R, \bar{R}^R, R^x)$$

mit $R^R$, $\bar{R}^R$ und $R^x$ als Knotenbewertungen zusammenfassen.

Dieses Modell sei im folgenden als  M a t e r i a l f l u ß -
s t r u k t u r  M  bezeichnet (Bild 16).

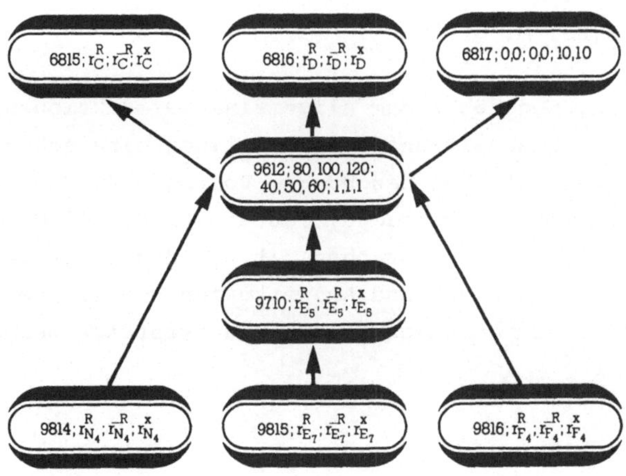


Bild 16: Materialflußstruktur des zur Beispielserzeugnisstruktur gehörigen Produktionssystems

Die Materialflußstruktur vervollständigt die Spezialisierung
des allgemeinen Produktionssystems S zum Modell der  L i n i e n -
f e r t i g u n g . Zusätzlich zu den Informationen der Dispositionsstruktur DS lassen sich damit auch die Prozeßabläufe der
Linienfertigung ins Modell des allgemeinen Produktionssystems S
übertragen, so daß ein vollständiges Abbild der zeitlich unveränderlichen Eigenschaften der Linienfertigung entsteht. Da die
Menge der Kapazitätseinheiten P infolge der Linienfertigungs-
eigenschaften im Modell auf $\hat{P}$ eingeschränkt werden konnte, ist
die Abbildung g auch nur in eingeschränktem Umfang

$$\hat{g}: \hat{V} \rightarrow \hat{P}$$

von Interesse. Das  z e i t l i c h  u n v e r ä n d e r -
l i c h e  M o d e l l  d e r  L i n i e n f e r t i g u n g
kann daher insgesamt als

$$L: = (DS, M, \hat{g})$$

angegeben werden. Gegenüber dem allgemeinen Produktionssystem S
ist damit für die Dispositionsdatenerstellung eine erhebliche
Vereinfachung erreicht. Von besonderem Vorteil für die Darstellung des Modells ist die Tatsache, daß dieses Modell der Linienfertigung nur noch aus zwei Graphen mit Zuordnungsvorschriften
besteht, denn Darstellungen und Auswertungen von Graphen können
auf EDVA durch leistungsfähige Routinen unterstützt werden
[56], [70].

# MODELLE FÜR DIE ZEITLICH VERÄNDERLICHEN PROZESSVORGABEN

Die zeitlich unveränderlichen Prozeßvorgaben der Linienfertigung belassen - wie in 3.1 erläutert - als einzigen dispositiven Freiheitsgrad die Losbildung. Ergebnis der Losbildung sind stets Angaben zu Mengen und Terminen von Objekten, wie sie sich unter Ausnutzung der zeitlich veränderlichen Eigenschaften bei Linienfertigung ergeben. Die planmäßige Bereitstellung dieser Dispositionsdaten erfordert detaillierte Modelle der Objektmengen im Produktionssystem mit deren zeitlichem Verlauf und gegenseitiger Abhängigkeit. Von besonderem Gewicht für die Losbildung sind auch die in der Zeit veränderlichen Eigenschaften der Kapazitätseinheiten, auf denen die im Rahmen der Mengen- und Terminplanung betrachteten Objekte entstehen. Die Erfassung dieser Größen in formalen Modellen ist deshalb ein weiterer Schwerpunkt der folgenden Ausführungen.

## 6.1 Abbildung der Zeit

Formale Darstellungen von Verläufen zu Einsatz- und Ausbringungsmengen sowie zu Kapazitätsangaben eines Produktionssystems setzen ein Abbild der Zeit voraus, über dem alle diese Verläufe aufgetragen werden können. Bevor formale Darstellungen der genannten Größen erarbeitet werden, wird deshalb die Zeit als deren gemeinsame Bezugsgröße modellmäßig erfaßt.

Grundsätzlich lassen sich als Darstellung für die Fortschreibung der M o d e l l z e i t die z e i t o r i e n t i e r t e und die e r e i g n i s o r i e n t i e r t e Fortschreibung unterscheiden, vgl. [51]. Die Entscheidung zugunsten der einen oder anderen Technik muß sich jedoch an den Randbedingungen, denen die Anwendung des betrachteten Modells unterliegt, orientieren.

Untersuchungsgegenstand der vorliegenden Arbeit ist die Mengen- und Terminplanung. Sie wird hier als Teilfunktion der mittelfristigen Produktionsplanung- und -steuerung aufgefaßt, deren Ergebnisse an die kurzfristige Produktionsplanung und -steuerung

- die Betriebsablaufsteuerung - übergeben werden. Um auf Plan-
abweichungen wirksam reagieren zu können, muß auch die Betriebs-
auflaufsteuerung noch über Spielräume für Mengen- und Terminentscheidungen verfügen. Wäre dies nicht der Fall und Mengen
und Termine lägen nach der mittelfristigen Planung bereits
e n d g ü l t i g   fest, so wäre der kurzfristige Planungsteil
der Betriebsablaufsteuerung überflüssig; es könnte allenfalls noch
der Vollzug der Dispositionsdaten überprüft werden. Auf Situations-
veränderungen wie Bedarfsschwankungen könnte dann planerisch
überhaupt nicht mehr reagiert werden, so daß ein solchermaßen
ausgelegtes Planungssystem seinen Zweck   n i c h t   e r f ü l -
l e n   könnte. Bei der Festlegung mittelfristiger Vorgaben können deshalb nur Angaben zu   Z e i t a b s c h n i t t e n ,
innerhalb derer die Vorgabenerfüllung erfolgen soll, als sinnvoll angesehen werden. Aus diesem Grund wird hier zur Darstellung
der Modellzeit die zeitorientierte Fortschreibung gewählt.

Weiter muß im vorliegenden Fall davon ausgegangen werden, daß in
einem Industriebetrieb alle zu verplanenden Einzelaufgaben in
Zeitabschnitten   g l e i c h e r   L ä n g e   (Tage, Schichten,
usw.) terminiert werden. Man spricht in diesem Zusammenhang auch
von "Terminplanung auf der Basis eines Fabrikkalenders". Die
Orientierung an dieser Verfahrensweise ist also aus organisatorischen Gründen zweckmäßig und soll auch hier bei der Fortschreibung der Modellzeit beibehalten werden. Im Modell ist es deswegen
ausreichend, für die Datenaktualisierung bzw. Neuberechnung einzelne, durch sogenannte äquidistante Zeitpunkte begrenzte
P e r i o d e n   zu betrachten. Alle auf die dazwischen liegenden
Zeitpunkte fallenden Ereignisse werden dann als am jeweiligen
Periodenende zusammenfallend dargestellt und als für die gesamte
Folge-Periode gültig betrachtet. Die Länge der verwendeten Perioden ergibt sich aus den jeweiligen Praxisanforderungen[1].

---

1) Die Periodenlänge sollte von der Ereignishäufigkeit im realen
   Ablauf abhängig gemacht und so gewählt werden, daß innerhalb
   jeder Periode auch mit hoher Wahrscheinlichkeit Ereignisse
   eintreten.

Als formale Erfassung dieser äquidistanten Zeitpunkte auf der
Zeitachse, die diese Perioden im Modell begrenzen, kann die
d i s k r e t e   Z e i t m e n g e   $IN_O$ der natürlichen Zahlen
dienen [49]. Die vorab zur Modellerstellung notwendigen Untersuchungen führen jedoch hinsichtlich der Fortschreibung von Be-
standswerten zu allgemeingültigeren Ergebnissen (vgl. 6.2.3.),
wenn zunächst Objektströme und die strukturell reichhaltigere
k o n t i n u i e r l i c h e   Z e i t m e n g e $IR_+$ der reellen
positiven Zahlen zugrundegelegt wird. Für den Fall der Bestands-
fortschreibung wird deshalb die Zeit zunächst durch $IR_+$ abgebildet; die Übertragung der Bestandswerte auf die diskrete Zeit-
menge $IN_O$ erfolgt dann in einem weiteren Schritt durch Einschränkung auf die natürlichen Zahlen, so daß letztlich alle Mengen-
darstellungen im äquidistanten Zeitraster erscheinen.

Die vorliegende Planungsaufgabe hat dynamischen Charakter, denn
alle erstellten Dispositionsdaten verlieren nach Erreichen der
zugeordneten Zeitabschnitte ihre aktive Wirksamkeit; heranrückende
Zeitabschnitte machen die Erstellung weiterer Dispositionsdaten
notwendig. Um den dazu erforderlichen Planungsaufwand nicht zu
sehr in die Höhe zu treiben, wird die zeitliche Reichweite der
Planung durch Angabe eines   P l a n u n g s h o r i z o n t e s
T begrenzt. Seine Länge ergibt sich ebenfalls aus den jeweiligen
Praxisanforderungen, sollte aber für den mittelfristigen Anteil
der Produktionsplanung und -steuerung, der in dieser Arbeit behandelt wird, mindestens die längste Produktionsdurchlaufzeit
umfassen[1]. Für die Mengen- und Terminplanung im Rahmen mittelfristiger Produktionsplanung und -steuerung wird hier o.B.d.A.
festgelegt, daß sich die Reichweite der Planungen und damit der
Planungshorizont bis zum Zeitpunkt $t_N$ erstreckt. Das beschränkt
den Planungshorizont, der sich dann als

$$T: [t_O, t_1, \ldots, t_N]; \quad t_i \in IN_O$$

formal festhalten läßt. Er dient im folgenden als Grundlage für die
Modelle der Objektströme und Kapazitätsangaben im Linienfertigungsprozeß.

---

1) Diese Mindestlänge des Planungshorizontes garantiert, daß
   alle Mengen- und Terminentscheidungen unabhängig von Bedarfen getroffen werden können, die im Rahmen der zeitlichen
   Fortschreibung am Ende des Planungshorizontes neu gebildet
   werden, vgl. Haag [28].

6.2     <u>Dispositionseinheit als kapazitätsorientierte</u>
       <u>Dispositionsstufe</u>

Wichtige Größen für den Anwender des Systems sind die an den
Kapazitätseinheiten $\hat{P}$ zu erwartenden Objektströme. Zunächst ist
durch die Vorgabe des Primärbedarfsverlaufes lediglich festgelegt, welche Objektströme das Produktionssystem zu verlassen
haben. Aus diesen Vorgaben sind Art und Menge der benötigten Einsatzgüter und Zwischenerzeugnisse als Auftragsprogramme abzuleiten. Um dieses Auftragsprogramm bilden zu können, werden die
weiteren Untersuchungen auf die Objekte innerhalb des Produktionssystems konzentriert. Dazu werden alle auftretenden Objektströme
anhand eines Input-Output-Systems[1] angegeben. Es läßt sich zur
Beschreibung der Objektströme eines gesamten Produktionssystems,
aber auch kleinerer Einheiten anwenden und durch den Einbau von
Zustandsgrößen verfeinern [49], [59]. Diese Verfeinerungsmöglich-
keit wird im folgenden zum Entwurf einer speziellen Dispositionsstufe[2] - d e r   D i s p o s i t i o n s e i n h e i t -
benutzt, die neben den Aspekten der Bedarfszusammenfassung und
Bestandshöhen auch den Aspekt gemeinsam genutzter Kapazität
beachtet.

6.2.1     Kapazitätseinheit als Input-Output-System

Aus der Sicht des gesamten Produktionssystems und seinen Beziehungen zur Umwelt läßt sich allgemein beschreiben, welche
Objektströme in das Produktionssystem eintreten und welche es
verlassen. Durch formale Input-Output-Betrachtungen[3] kann
man so Gesetzmäßigkeiten über die Zuordnung von Einsatz-
und Ausbringungsgütern gewinnen. Derart grobe Betrachtungen

---

1) Zur Definition und Darstellung von Input-Output-Systemen
   siehe z. B. Pichler [49], Forrester [71].

2) Zum Begriff der Dispositionsstufe in der traditionellen
   Bedarfsrechnung, vgl. Mertens [3].

3) Ergebnis ist die Produktionsfunktion einer Unternehmung.
   Diese Produktionsfunktion drückt die Regel- und Gesetz-
   mäßigkeit der Zuordnung von Strömen an originären Einsatzgütern aus, die von außen in die Unternehmung hineinfließen,
   zu Strömen an Zwischen- und Endprodukten, die aus der Unternehmung an ihre Umwelt abfließen, Kahle [72].

der Objektströme, die Teile und Zwischenerzeugnisse innerhalb des Produktionssystems vernachlässigen, reichen für die in
dieser Arbeit verfolgten Ziele jedoch nicht aus, da der
kapazitive Aspekt dabei zu global behandelt wird.

Zur detaillierten Einbeziehung dieses Aspekts wird jeder Knoten
der Materialflußstruktur M im folgenden eigens einer formalen
Input-Output-Betrachtung unterzogen. Dadurch lassen sich alle
Auswirkungen zeitlich differenzierter Kapazitätsbeschränkungen
je Kapazitätseinheit auf die Objektströme umsetzen.
Die Abbildung der auftretenden Objektströme über der Zeit erfolgt dabei am zweckmäßigsten durch positive reelle Zahlen, die
die Zugangsraten $\dot{x}$ des Eingangsgutes und die Ausgangsraten $\dot{y}$
des erzeugten Gutes zu jedem Zeitpunkt des Planungshorizontes T
ausdrücken. Da jedoch im allgemeinen nicht nur ein Gut eingesetzt
und ein Gut erzeugt wird, sondern eine Anzahl unterschiedlicher
Erzeugnisse aus einer Menge von Einsatzgütern erzeugt werden, muß
zur Abbildung der mehrdimensionale reelle Raum herangezogen werden. Vereinbart man nun, daß mittels einer Kapazitätseinheit
$\gamma \in \hat{P}$ aus m Einsatzgütern l Erzeugnisse produziert werden, so
kann die Liste

$$K(\gamma) := (\mathbb{R}^m_+, \mathbb{R}^l_+, \dot{X}, \dot{Y}, T)^{1)}$$

als dieser Kapazitätseinheit $\gamma$ zugeordnetes   I n p u t - O u t -
p u t - S y s t e m   bezeichnet werden, wobei der in 6.1 einge-
führte Planungshorizont T in kontinuierlicher Form einbezogen ist.
Dabei seien

---

1) Diese Darstellung entspricht dem allgemeinen Input-Output-
System der mathematischen Systemtheorie nach Pichler [49]. Die
Festlegung der Wertebereiche durch
$$\mathbb{R}^m_+ \text{ und } \mathbb{R}^l_+ \text{ sowie der Flußraten } \dot{X} \text{ und } \dot{Y}$$
als Input- bzw. Outputraten steht im Einklang mit der Notation
für dynamische Produktionssysteme nach Steffens [73]. Sie wird
hier auf die Kapazitätseinheiten aus $\hat{P}$ angewandt.

$$\dot{X} = \begin{bmatrix} \dot{x}_1 \\ \vdots \\ \dot{x}_m \end{bmatrix} \qquad \text{und} \quad \dot{Y} = \begin{bmatrix} \dot{y}_1 \\ \vdots \\ \dot{y}_1 \end{bmatrix}$$

mit

$$\dot{x}_1, \ldots, \dot{x}_m, \dot{y}_1, \ldots, \dot{y}_1 \in \mathbb{R}_+; \quad 1, m \in \mathbb{N}.$$

Diese Beschreibung des Input-Output-Systems betont, daß Kapazitätseinheiten Produktionsfortschritte bewirken, indem sie Einsatzgüter in einen - verglichen mit dem Ausgangszustand - höheren Bearbeitungszustand versetzen. Der Kapazitätseinheit $\gamma$ werden m Objekte zugeführt, was dann zur Erstellung von 1 höherwertigeren Objekten führt. Im Mittelpunkt dieser Betrachtung steht also der Materialfluß.

Im Rahmen der Mengen- und Terminplanung hingegen werden Dispositionsdaten erzeugt, also physisch nicht vorhandene Objekte beschrieben. Das zu ermittelnde Auftragsprogramm soll alle auf die Kapazitätseinheit zielenden Bedarfe decken und muß sich deshalb auf die Objekte beziehen, die die Kapazitätseinheit $\gamma$ verlassen. Da die Informationen über den Eintritt von Objekten in die Kapazitätseinheit $\gamma$ für die Mengen- und Terminplanung im hier definierten Sinne ohne Bedeutung sind, läßt sich das zur Modellierung verwendete Input-Output-System K ($\gamma$) vereinfachen.

6.2.2    Auftrag und Bedarf - Input und Output der
         Dispositionseinheit

Da für die Mengen- und Terminplanung nur die von einer Kapazitätseinheit lieferbaren bzw. zu liefernden Mengen von Bedeutung sind muß lediglich sichergestellt werden, daß die Kapazitätseinheit im Hinblick auf die Vorgaben $\dot{Y}$ Objekte in ausreichender Menge verlassen. Im Modell können die zugehörigen Aufträge bei dieser Sichtweise als Inputs angesehen werden, die den geforderten Bedarfsmengen im Rahmen einer Input-Output-Betrachtung gegenüberzustellen sind. Auf diese Weise erfolgt eine Abstraktion der Objektströme vom Produktionsprozeß, die die Eingrenzung der Betrachtung auf die

für die Disposition wesentlichen Größen Bedarf und Auftrag zu-
läßt, wobei der Aspekt der gemeinsam genutzten Kapazität durch
die Zusammenfassung der beteiligten Objekte zur Einheit $K(\gamma)$
dennoch erhalten bleibt.

Die Gegenüberstellung von Bedarfsvorgaben und Aufträgen wird
im Modell formal ausgeführt, indem im Input-Output-System die
Inputs $\dot{X}$ als Auftragsverläufe und die Outputs $\dot{Y}$ als Bedarfsverläufe ausgelegt werden. Die Input-Output-Konstruktion, die
auf diese Weise unter Zusammenfassung  k a p a z i t i v
g e m e i n s a m  zu  b e h a n d e l n d e r  B e d a r -
f e  u n d  A u f t r ä g e  entsteht, soll in der Folge als
D i s p o s i t i o n s e i n h e i t  bezeichnet werden (Bild 17).
Diese Bezeichnung soll zum Ausdruck bringen, daß die Mengen und
Termine zu den erfaßten Objekten gleichzeitig und unter Berücksichtigung der wechselseitigen Einflüsse infolge begrenzter
Kapazität erstellt werden.

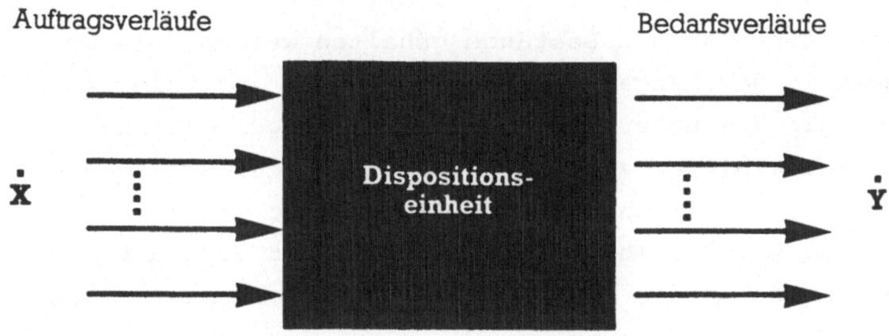


Bild 17: Dispositionseinheit mit Auftrags- und
Bedarfsverläufen als Inputs und Outputs

Werden ausschließlich Bedarfe und Aufträge betrachtet, so
bringt dies bei der formalen Angabe der Dispositionseinheit
gegenüber dem Input-Output-Modell $K(\gamma)$ eine zusätzliche Vereinfachung. Es genügt, in den formalen Ausführungen mit dem
Input-Output-System

$$D(\gamma): \ (\mathbb{R}^1_+, \ \mathbb{R}^1_+, \ \dot{X}, \ \dot{Y}, \ T)$$

als der der Kapazitätseinheit $\gamma$ zugeordnete Dispositionseinheit
weiterzuarbeiten, da sich Auftragsverläufe und Bedarfsverläufe
stets auf dieselben Objekte beziehen[1].

## 6.2.3 Bestand als relevante Zustandsgröße

Im Rahmen des Freiheitsgrads der Losbildung, der der Mengen-
und Terminplanung bei Linienfertigung verbleibt, kann den Bedarfsraten $\dot{Y}$, die auf Dispositionseinheit $D(\gamma)$ zielen, auch
durch zeitlich versetzte Auftragsverläufe $\dot{X}$ entsprochen werden
(vgl. 2.2.3). Um stets Verfügbarkeit zu gewährleisten, muß insbesondere auch von der Möglichkeit der Bedarfsdeckung durch Zugang von Mengen vor den eigentlichen Bedarfszeitpunkten Gebrauch
gemacht werden, die dann als Bestände gehalten werden. Diesen
Beständen kommt in der Mengen- und Terminplanung zentrale Bedeutung zu, da sie die unter Wirtschaftlichkeitsgesichtspunkten
wesentlichen Kapitalbindungskosten verursachen. Gelingt auch die
Einbeziehung der Bestandshöhen in die Planung, so können diese
Kosten beeinflußt werden, indem alle auftretenden Veränderungen
der Bestandshöhen sofort in die Auftragsverläufe eingearbeitet
werden.

Bestandsverläufe lassen sich in den Dispositionseinheiten als
Systemzustände interpretieren, die aus der Gegenüberstellung
von Auftrags- und Bedarfsverläufen resultieren. Für die rechneri-
sche Gegenüberstellung dieser Verläufe sind die Dispositions-

---

1) Lägen zwischen Input und Output noch Bearbeitungsschritte
   - etwa Montagevorgänge - , so könnte diese Vereinfachung
   nicht durchgeführt werden.

einheiten mit Zustandsgrößen zu versehen. Um zu enge Festlegungen bezüglich der Zustandsgleichungen zu vermeiden, werden
diese Größen zunächst in voller Allgemeinheit eingebracht[1],
indem die Zustandsverläufe als Resultat der Zustandsfunktion $\omega$

$$\omega: \ (Q_O, \ \dot{X}, \ \dot{Y}) \rightarrow Q$$

mit der Zustandsmenge $Q$ und $Q_O$ der Menge der Anfangszustände;
$Q, \ Q_O \in R_+^1$ gebildet werden. Damit ist zunächst nur allgemein
festgelegt, daß an der Bildung der Zustandsverläufe Anfangszustände, Inputs und Outputs in irgendeiner Weise mitwirken.
Die für den vorliegenden Fall relevante Bestandsfunktion $\omega_B$
wird aus dieser Beziehung abgeleitet, indem die Abläufe, die
zur Bestandsbildung innerhalb der Dispositionseinheit führen,
erfaßt werden. Diese Abläufe kennzeichnet, daß Objektströme
in die betrachtete Dispositionseinheit eingehen und diese -
vielleicht erst nach einiger Zeit - wieder verlassen. Wählt
man für das auf dieser Dispositionseinheit vorhandene Material
je Objekt s zum Zeitpunkt t die Bezeichnung

$$Q_s(t); \ s = 1, \ \ldots, \ 1;$$

so ergeben sich als Materialbilanzen die gewöhnlichen Differen-
tialgleichungen

$$(*) \quad \omega_B: \ = \frac{dQ_s(t)}{dt} = \dot{x}_s - \dot{y}_s$$

deren Gesamtheit die Zustandsbeschreibung der betrachteten Dispositionsstufe darstellt. Dieser Zusammenhang kann auch kompakter
in Form der Vektorgleichung

---

1) Die Arbeit von Wilhelm [2] führt in die Nähe des hier ver-
   folgten Zustandsgedankens. Da dort aber der Ansatz für die
   Zustandsgleichungen zu speziell gewählt ist, kommt die
   Wirkung des Zustandskonzepts nicht voll zur Entfaltung.

$$\omega_B: \quad \dot{Q} = \dot{X} - \dot{Y}$$

angegeben werden. Die Lösung dieser Zustandsgleichungen kann
für einen beliebigen Zeitpunkt t $\neq$ O sofort explizit angegeben werden als

$$Q(t) = Q_O + \int_O^t \dot{X}(z)\,dz - \int_O^t \dot{Y}(z)\,dz$$

bzw.

$$Q(t) = Q_O + \dot{X}(t) - \dot{X}(t_O) - \dot{Y}(t) + \dot{Y}(t_O)^{1)} .$$

Geht man zum diskreten Planungshorizont T über, wie dies aus den
in 6.1 angegebenen Gründen für die Praxisanwendung zweckmäßig
ist, so ist der Bestand nur zu bestimmten Zeitpunkten $t_1, \ldots,$
$t_N$ wiederzugeben. Die auftretenden Integrale können zur Berech-
nung der Bestände zum Zeitpunkt $t_n \in T$ aufgespalten werden zu

$$Q(t_n) = Q_O + \sum_{i=1}^{n} \left( \int_{t_{i-1}}^{t_i} \dot{X}(z)\,dz + \int_{t_{i-1}}^{t_i} \dot{Y}(z)\,dz \right).$$

Der entstandene Ausdruck enthält nur noch Summen von Periodenmengen, aus denen - ausgehend von den Anfangsbeständen $Q_0$ - die
Bestände in Periode $t_n$ gebildet werden. Für diese Periodenmengen
lassen sich noch kürzere Bezeichnungen einführen, indem die gesamten Periodenmengen (wie in 6.1 vereinbart) auf den Zeitpunkt
des jeweiligen Periodenendes bezogen werden nach

$$X_i: = \int_{t_{i-1}}^{t_i} \dot{X}(z)\,dz \quad \text{bzw.} \quad Y_i = \int_{t_{i-1}}^{t_i} \dot{Y}(z)\,dz.$$

---

1) Es ist unmittelbar ersichtlich, daß der Endzustand Q(t) mit
der Kenntnis e i n e s Zustandes zu einem beliebigen frühe-
ren Zeitpunkt und der Information über die Mengenverläufe im
Zeitabschnitt dazwischen errechnet werden kann. Dies belegt
die Kausalität dieser Zustandsdarstellung. Die obige Differenz-
gleichung legt außerdem einen Bezug zu den Ratengleichungen der
Forrester-Modelle offen, Forrester [71]. Sie weisen dieselbe
Form auf. Daher sind auch diese Modelle Realisierungen von
linearen Differentialsystemen, Pichler [49].

Gleicht man auch die Notation der Bestandswerte an diese Schreibweise an, indem man

$$Q(t_i) \,:\, = Q_i \text{ für alle } i = 0, \ldots, N$$

setzt, so geht (*) in die für die numerische Errechnung äußerst vorteilhafte Rekursionsgleichung

$$(1) \qquad Q_i = Q_{i-1} + X_i + Y_i \text{ für } i = 1, \ldots, N$$

über.

Insgesamt kann die  Z u s t a n d s d a r s t e l l u n g  Z (D) einer Dispositionseinheit D als

$$Z(D) \,:\, = (X_1, \ldots, X_N; \; Y_1, \ldots, Y_N; \; Q_0; \; Q_1, \ldots, Q_N)^{1)}$$

angegeben werden. Dieses Resultat stellt einen wichtigen Schritt zur Lösung des Mengen- und Terminplanungsproblems dar, da allen Bestandsüberlegungen in Gestalt von (1) eine einzige geschlossene Gleichung zugrundegelegt werden kann. Gelingt dies nicht, so muß die Lösung des Mengen- und Terminplanungsproblems unvollständig bleiben. So konnten etwa in [2] bei der Diskussion der Bestände keine geschlossenen Gleichungen angegeben werden. Als unmittelbare Folge mußte von einer Näherungsgleichung ausgegangen werden, die der Lösung der Zustandsgleichung (1) für gleichförmige Auftrags- und Bedarfsraten entspricht. Lösungen für allgemeinere Verläufe dieser Größen konnten deshalb nicht mehr geschlossen ausgewertet werden. Vielmehr wurden umfangreiche Fallunterscheidungen notwendig, innerhalb derer lediglich qualitative Angaben zu Bestandsverläufen ermittelt werden konnten, die als Dispositionsvorgaben nur sehr bedingt geeignet sind.

---

1) Die Größe $Q_0$ wird hier als eigenständige Variable deklariert, um ihre Sonderrolle als Ist-Bestandswert hervorzuheben.

Mit der Ableitung von Z(D) ist also die Verankerung aller für
die Mengen- und Terminplanung bei Linienfertigung relevanten
Bestandsgrößen je Dispositionseinheit D in einem einzigen Modell
erreicht.

## 6.3 Kapazitätsangebot als Begrenzung der Auftragsmengen

Maßgeblichen Einfluß auf Mengen und Termine hat auch das Leistungsvermögen der einer Dispositionseinheit zugeordneten Kapazitätseinheit. Prozeßbedingte Zeitverbräuche und Auflegemengen
sind davon direkt abhängig. Weist z. B. eine Kapazitätseinheit
aus technischen oder sonstigen Gründen eine niedrige Bearbei-
tungsgeschwindigkeit auf, so ergibt sich daraus eine lange Be-
arbeitungszeit, die bei der Terminierung beachtet werden muß.
Für Mengen- und Terminplanungen ist das geometrische, physika-
lische oder ausstattungsmäßige Leistungsvermögen [74] deshalb
von geringerer Bedeutung als das quantitative Leistungsvermögen
[21]. Unter das quantitative Leistungsvermögen fällt insbesondere die Eigenschaft der

K a p a z i t ä t [1].

Sie ist die zeitlich veränderliche Größe, die auf die Mengenverläufe innerhalb einer Dispositionseinheit $D(\gamma)$ Auswirkungen hat.
Die Kapazität nimmt nämlich Einfluß auf die Intensität der Objektströme, die die Kapazitätseinheit $\gamma$ durchlaufen und enthält deshalb Aussagen über die produzierbaren Mengen je Periode. Diese
Aussagen sind z. B. Eingangsparameter zur Bestimmung der Auflege-
dauer für ein Los.

Betrachtet man einzelne Perioden des Planungshorizonts T, so
kann beschränktes Kapazitätsangebot als periodenweise Begrenzung der Auftragsmengen wirken. Liegt bei Kapazitätseinheit $\gamma$
in Periode i begrenztes Kapazitätsangebot vor, so kann in dieser

---

1) Die Kapazität ist als das mengenmäßige Leistungsvermögen einer
   Kapazitätseinheit in einem Zeitabschnitt aufzufassen. Als Maß
   für die Kapazität ergeben sich die im Zeitabschnitt produzierbaren Mengeneinheiten, vgl. [21].

Periode keine Auftragsmenge in unbegrenzter Höhe als Zugang zur
Dispositionseinheit $D(\gamma)$ erwartet werden. Um die genauen Auftragsmengen, die je Periode als Zugänge zur Dispositionsstufe zu er-
warten sind, rechnerisch ermitteln zu können, wird die Kapazität
der Kapazitätseinheit $\gamma$ auf die Perioden des diskreten Planungshorizonts T bezogen angegeben als

$$C(\gamma)_i \in R_+ \text{ mit der Einheit } [\frac{t}{\text{Periode}}]^{1)} \text{ für alle } i = 1, \ldots, N.$$

Insgesamt kann das K a p a z i t ä t s a n g e b o t der
Kapazitätseinheit $\gamma \in P$ als Liste

$$(C(\gamma)_1, \ldots, C(\gamma)_N) = C(\gamma)$$

geführt werden, mit der die Begrenzung der Auftragsmengen zur
Planung rechnerisch erfolgen kann. Auf die hierbei auszuführenden Rechenschritte wird erst im folgenden Kapitel eingegangen,
da dabei zusätzlich einige in der Zeit unveränderliche Größen
mitverarbeitet werden müssen.

---

1) Alternative Einsatzarten einer Kapazitätseinheit führen nicht
   auf ein einziges Kapazitätsmaß, da in der Regel die maximal
   mögliche Intensität für die Leistungsarten differiert. Bei
   Inanspruchnahme einer Kapazitätseinheit durch wechselnde Leistungsarten wird deshalb der Hilfsmaßstab der maximal möglichen
   Einsatzzeit herangezogen, vgl. [21].

# 7 ENTWURF EINES PRODUKTIONSMENGEN- UND -TERMINPLANUNGSSYSTEMS FÜR DIE LINIENFERTIGUNG

Die in den vorigen Kapiteln erstellten Modelle werden im folgenden so miteinander verknüpft, daß ein geschlossener Ablauf zur
Lösung des Mengen- und Terminplanungsproblems entsteht. Dieser
Ablauf gibt sowohl die durch die einzelnen Schritte gewonnenen
Teillösungen des Mengen- und Terminplanungsproblems als auch
die Transformationen zur Verknüpfung dieser Teillösungen vor.
Die dabei zu lösenden Teilprobleme ergeben sich durch Kombination von Modellgrößen der Materialflußstruktur M mit Modellgrößen der Dispositionseinheit D. Es handelt sich um ganzzahlige
Optimierungsprobleme mit Randbedingungen[1]. Durch sukzessive
Behandlung solcher Mengen- und Terminplanungsprobleme entsteht
das gesamte für den Linienfertigungsprozeß relevante Auftragsprogramm. Als verbindende Elemente der einstufigen Probleme ver-
vollständigen die Kanten der Dispositionsstruktur DS die Einzellösungen zum Gesamtlösungsablauf, welcher gleichzeitig die In-
formationszugriffe und -übergaben bezüglich der einzelnen Modelle
vorschreibt. Aus dieser Vorschrift läßt sich der datentechnische
Aufbau des Mengen- und Terminplanungssystems für mehrstufige
Linienfertigung sehr anschaulich ableiten.

## 7.1 Einstufiges Mengen- und Terminplanungsproblem

Tritt bezüglich einer Dispositionseinheit $D(\gamma)$ begrenztes Kapazitätsangebot auf, so wirkt sich dies auf die Auftragsverläufe
in zweifacher Weise aus: Zum einen werden die Auftragsmengen, die
dieser Dispositionseinheit zugehen, direkt beschränkt, zum anderen müssen eventuell auch Auftragsmengen bei materialflußmäßig
nachgelagerten Dispositionseinheiten reduziert werden.

---

1) Zur Klassifikation von Optimierungsproblemen siehe z. B.
   Müller-Merbach [54].

Bezieht man diese Randbedingungen in die Mengen- und Terminplanung mit ein, so wird die Bestimmung des Auftragsprogramms
erheblich verkompliziert[1].

Die aufgezählten Randbedingungen müssen jedoch nicht ganzheitlich behandelt werden, sondern sie lassen sich auch für jede
Dispositionseinheit separat angeben. Das sich daraus ergebende
Optimierungsproblem wird im folgenden allgemein formuliert und
für einige Spezialfälle einer Lösung zugeführt.

## 7.1.1    Formulierung

Besteht in einer Periode i für die Kapazitätseinheit $\gamma$ begrenztes Kapazitätsangebot $C(\gamma)_i$, so darf die Summe der einge-
planten Auftragsmengen $X_i$ die zur Verfügung stehenden Kapazitäten nicht überschreiten. Andernfalls sind die ermittelten Mengen
und Termine als Dispositionsdaten nicht verwendbar, weil sie von
den zuständigen Stellen nicht bewältigt werden können und die
Pläne bereits nach kürzester Zeit vom tatsächlichen Ablauf ab-
weichen. Im Rahmen der Planung müssen die vorhandenen Kapazi-
tätsangebote daher den durch die Produktionsmengen verursachten
Kapazitätsverbräuchen gegenübergestellt und alle Kapazitätsüberschreitungen beseitigt werden. Bei dieser Betrachtung ist je
nach Eigenschaft der betroffenen Kapazitätseinheit $\gamma \in \hat{P}$ zu
unterscheiden zwischen

> o Fließfertigung, bei der die Rüstzeit gegenüber
> der Periodenlänge vernachlässigbar klein ist und

> o Losfertigung, bei der der Rüstaufwand gegenüber
> der Periodenlänge ins Gewicht fällt und deshalb
> bei der Planung berücksichtigt werden muß[2].

---

1) Bei konventionellen Systemen werden deshalb als Vereinfachung
   zur Bestimmung von Mengen und Terminen im Rahmen der mehrstufigen
   Bedarfsrechnung stets unbegrenzte Kapazitäten vorausgesetzt,
   vgl. z. B. [75].
2) Die angegebene Unterscheidung ist unmittelbar an die jeweils
   gewählte Periodenlänge im Planungshorizont gebunden. Damit kann
   durch die Wahl der Periodenlänge festgelegt werden, welcher
   Rüstaufwand innerhalb des Produktionsbereichs als vernachlässig-
   bar angesehen werden kann bzw. beachtet werden muß, Dangelmaier
   [76].

Bei Fließfertigung ist lediglich der Kapazitätsverbrauch, der
durch die Produktion der aufgelegten Objekte entsteht, zu berücksichtigen und mit dem begrenzten Kapazitätsangebot in Einklang zu bringen. Für die Einhaltung der Kapazitätsgrenzen einer
Kapazitätseinheit $\gamma^* \in \hat{P}$ ergeben sich die Bedingungen

$$(2) \qquad \sum_{s-1}^{1} r^X(\gamma^*)_s \cdot x_{si} \leq C(\gamma^*)_i \quad \text{für alle } i = 1,\ldots,N.$$

Dabei sind

$\quad C(\gamma^*)_i \quad$ die in Periode i zur Verfügung stehende
$\qquad\qquad$ Kapazität der Kapazitätseinheit $\gamma^*$

$\quad r^X(\gamma^*)_s \quad$ der Kapazitätsverbrauch zur Produktion einer
$\qquad\qquad$ Einheit des Objekts s auf Kapaziätseinheit $\gamma^*$

$\quad x_{si} \quad$ die Auftragsmenge des Objekts s in Periode i

Ist bei einer Kapazitätseinheit $\gamma' \in \hat{P}$ hingegen der Rüstaufwand
zu beachten, so wird die zugeordnete Dispositionseinheit $D(\gamma')$
als Losfertigungsfall behandelt. Bei Losfertigung ist zunächst
zusätzlich zum Kapazitätsverbrauch durch Produktion $r^X(\gamma')_s$ noch
der Kapazitätsverbrauch $\bar{r}^R(\gamma')_s$ für das Rüsten zur Auflegung eines
Objekts s zu betrachten. Falls sich ein Los über mehrere Perioden
hinzieht, entfällt jedoch der Anteil $\bar{r}^R(\gamma')_s$ am Kapazitätsverbrauch
in den Perioden, in denen der vorgeschriebene Rüstzustand bereits
angetroffen wird. Diese Abhängigkeit des Rüstaufwands vom vorliegenden Rüstzustand kann als formale Bedingung durch eine binäre
Rüstvariable ausgedrückt werden, die Rüstaufwand nur dann berechnet,
wenn in einer Periode i das Objekt s neu aufgelegt wird. Diese
Rüstvariable kann angegeben werden als

$$\Delta(x_{si-1}, x_{si})^{1)} := \begin{cases} 1 & \text{für } x_{si-1} = 0 \text{ und } x_{si} \neq 0 \\ 0 & \text{sonst.} \end{cases}$$

---

1) Diese Variable ist nur definiert, wenn in keiner Periode mehr
als zwei Objektarten auftreten. Nur dann besteht die Möglichkeit,
aus der Periodendarstellung die genaue Auflegereihenfolge zu ent-
nehmen. Andernfalls kann über diese Reihenfolge nichts ausgesagt
werden und die Einbeziehung des Rüstaufwands ist nur pauschal
möglich.

Die bei Losfertigung einzuhaltenden Bedingungen lauten damit

$$(3) \quad \sum_{s=1}^{q} (\bar{r}^R(\gamma')_s \cdot \Delta(x_{si-1}, x_{si}) + r^X(\gamma')_s \cdot x_{si})$$

$$\leq C_i(\gamma') \quad \text{für alle } i = 1, \ldots, N.$$

Sobald Kapazitätsgrenzen im Rahmen einer mehrstufigen Betrachtung behandelt werden, muß bei den einzelnen Stufen zusätzlich zu den die Dispositionseinheit betreffenden Kapazitätsbeschränkungen noch mit B e s c h r ä n k u n g e n  der  z u g e - h e n d e n  Objektmengen gerechnet werden. Kann ein vorgegebener Bedarf aus diesem Grund nicht gedeckt werden, so dürfen auch keine Auftragsmengen vorgegeben werden, die diese Bedarfsdeckung voraussetzen. In diesem Fall müssen den Auftragsmengen, die je Dispositionseinheit errechnet werden, entsprechende Z u g a n g s b e s c h r ä n k u n g e n  auferlegt werden. Wird eine solche Zugangsbeschränkung für die Auftragsmenge $x_{si}$ angegeben, so setzt sie als obere Schranke die Zugangsmenge $\bar{x}_{si}$, die nicht überschritten werden darf. Die Zugangsbeschränkung lautet folglich

$$x_{si} \leq \bar{x}_{si}.$$

Falls die zur Verfügung stehende Menge $\bar{x}_{si}$ in der Periode i jedoch nicht voll durch $x_{si}$ ausgeschöpft wird, stehen Teilmengen auch den folgenden Perioden zur Verfügung. Müssen in mehreren a u f e i n a n d e r f o l g e n d e n  Perioden des Planungshorizonts T Zugangsbeschränkungen vorgegeben werden, so ist der entstehende Periodenabschnitt als ganzer zu betrachten. Ab der ersten Zugangsbeschränkung im Planungshorizont besteht dann eine obere Zugangsgrenze bis zur letzten von Zugangsbeschränkungen betroffenen Periode i + o nach

$$(4) \quad \sum_{j=i}^{i+o} x_{sj} \leq \sum_{j=i}^{i+o} \bar{x}_{sj}.$$

Die Aufgabe besteht nun darin, je Dispositionseinheit bedarfs-
deckende Auftragsverläufe zu bestimmen, die die Bedingungen (2)
bzw. (3) und (4) einhalten, also Kapazitäts- und Zugangsbeschränkungen beachten und gleichzeitig hinsichtlich Rüst- und Kapitalbindungskosten ein Minimum aufweisen[1]. Unter diesen Bedingungen
lautet die insgesamt für jede Dispositionsstufe D zu lösende
Optimierungsaufgabe:

Minimiere

$$\sum_{i=1}^{N} \sum_{s=1}^{q} h_s \cdot q_{si}$$

für Fließfertigung, wo keine Rüstkosten anfallen und

minimiere

$$\sum_{i=1}^{N} \sum_{s=1}^{q} r^{\bar{R}}(\gamma')_s \cdot \Delta(x_{si-1}, x_{si}) + h_s \cdot q_{si}$$

bei Losfertigung, wobei $x_{si}$ die Zustandsgleichung (1)
einhalten muß. $h_s$ seien die **K a p i t a l b i n -
d u n g s k o s t e n** pro Periode für eine Einheit
von Erzeugnis s.

Diese Optimierungsaufgabe sei hier als **e i n s t u f i g e s
M e n g e n -** und **T e r m i n p l a n u n g s p r o b l e m**
bezeichnet. Sie stellt die Erweiterung eines in der Literatur
behandelten Problems - des Losgrößenproblems mit Kapazitätsbeschränkungen (CLSP) - dar (vgl. [28], [39], [77]). Die dafür
angegebene Beschreibung bezieht **e r s t m a l s** die für
die Anwendung wesentlichen Aspekte der Zugangsbeschränkungen
und des Entfalls von Rüstaufwand bei Belegung aufeinanderfolgen-
der Perioden durch dasselbe Erzeugnis in die Problemstellung

---

1) Die genannten Kostenfaktoren sind bei der Bildung von Auftragsverläufen bei der Linienfertigung ausreichend, weil dies die
   Hauptkostenfaktoren sind. Andere Kostenfaktoren - wie Produk-
   tionskosten oder Fehlmengenkosten - können entweder als konstant
   angesehen oder von vornherein ausgeschlossen werden. Ihre Berücksichtigung bei der Optimierung verändert die entstehenden
   Auftragsverläufe nicht.

mit ein[1].

## 7.1.2    Heuristiken zur Lösung

Das als Ergebnis der Mengen- und Terminplanung für alle Dispositionseinheiten erwartete Auftragsprogramm (vgl. 2.1.2)
setzt voraus, daß das im vorigen Abschnitt dargestellte Problem
gelöst werden kann. Da in Form der Ausdrücke (3) und (4)
gegenüber dem CLSP schärfere Nebenbedingungen auftreten, muß
davon ausgegangen werden, daß sich der Aufwand für die exakte
Bestimmung von Auftragsverläufen gegenüber dem, der bei der
Lösung des CLSP auftritt, auf keinen Fall verringert. Schon
die exakte Lösung des CLSP ist extrem aufwendig [39], [43].
Deshalb müssen zur Lösung der einstufigen Mengen- und Terminplanungsprobleme   H e u r i s t i k e n [2]   eingesetzt werden.
Derartige Heuristiken müssen völlig neu entworfen werden, da sie
ein Problem lösen sollen, das bisher noch nirgends bearbeitet
wurde. Unter Benutzung des Freiheitsgrades der Losbildung sollen
diese Heuristiken je Dispositionseinheit bei Beachtung der Randbedingungen (2) bzw. (3) und (4)   ein möglichst optimales Auftragsprogramm erzeugen.

---

1) Beim CLSP handelt es sich also um ein praxisfernes Problem,
   da diese Aspekte unberücksichtigt bleiben. So gesehen, ist
   das CLSP eigentlich auch nur ein Problem, das keine Kapazitätsbeschränkungen beachtet. Unter diesen Bedingungen können
   die Aspekte des Entfalls von Rüstaufwand und der Zugangsbeschränkungen konsequenterweise völlig vernachlässigt werden,
   da per Definitionen das Rüsten keine kapazitiven Auswirkungen
   hat und stets "quasi unbegrenzte" Lieferungen möglich sind,
   vgl. Graves [39], Silver-Meal [77], Wagner-Within [78],
   Affentakis [79].
2) Heuristiken bestehen aus bestimmten Verfahrensregeln zur
   Lösungsfindung, die hinsichtlich des angestrebten Ziels
   und unter Berücksichtigung der Problemstruktur als sinnvoll,
   zweckmäßig und erfolgversprechend erscheinen, aber nicht immer
   die optimale Lösung hervorbringen, Müller-Merbach [54].

Der Entwicklung solcher Heuristiken müssen eingehende Analysen
des Anwendungsfalls vorangehen, denn das Ziel praxisgerechter
Rechenzeiten läßt sich nur unter gezielter Ausnutzung der speziellen Gegebenheiten dieses zu lösenden Anwendungsfalls erreichen. Im folgenden wird beispielhaft für zwei spezielle An-
wendungsfälle aus Los- und Fließfertigung je eine Heuristik
angegeben.

## Heuristik für einen Fließfertigungsfall

Die zu lösende Problemstellung entsteht bei einer Kapazitätseinheit $\gamma^*$, bei der unterschiedliche Objekte in beliebiger
Reihenfolge aufgelegt werden können. Diese Art der Produktion
wird deshalb auch als Wechselfließfertigung bezeichnet. Bei
der Belegung durch wechselnde Objekte fällt dort kein Rüstaufwand an. Der sich als Folge hiervon einstellende kontinuier-
liche Zugang zur Dispositionseinheit $D(\gamma^*)$ kann im betrachteten Fall jedoch nicht direkt an die Verbraucher der Objekte
weitergegeben werden, weil Transporte dazwischengeschaltet sind.
Bei diesem Transport werden Behälter eingesetzt, die nur voll
weitertransportiert werden. Damit keine teilgefüllten Behälter
verwaltet werden müssen, ist es zweckmäßig, bereits in der Planung alle Auftragsmengen $X_i(\gamma^*)$ in Vielfachen dieser Transportmengen anzugeben. Die Menge, die ein Transportbehälter faßt, ist
für jedes Objekt genau bekannt. Im allgemeinen werden aber die
Periodenbedarfsmengen eines Objekts keine ganzzahligen Vielfachen
dieser Transportmenge sein. Das Verfahren trägt dem Rechnung,
indem es zunächst die in den Periodenbedarfsmengen ganzzahlig
enthaltenen Transportmengen ermittelt. Vom verbleibenden Rest
wird errechnet, welchen Anteil einer Transportmenge er darstellt.
Ein vorgegebener Rundungsparameter $\varepsilon$ wird mit der Größe Rest ./.
Transportmenge verglichen, und es erfolgt je Periodenmenge eines
Erzeugnisses Aufrundung, falls Rest ./. Transportmenge $\geq \varepsilon$;
in den anderen Fällen wird abgerundet.

Ergebnis ist der auf Transportmengen gerundete Mengenverlauf je
Objekt (Bild 18). Die darin enthaltenen Mengen werden zur Bestimmung der Auftragsmengen, ausgehend vom Heutezeitpunkt, periodenweise in das Auftragsraster übernommen. Treten dabei

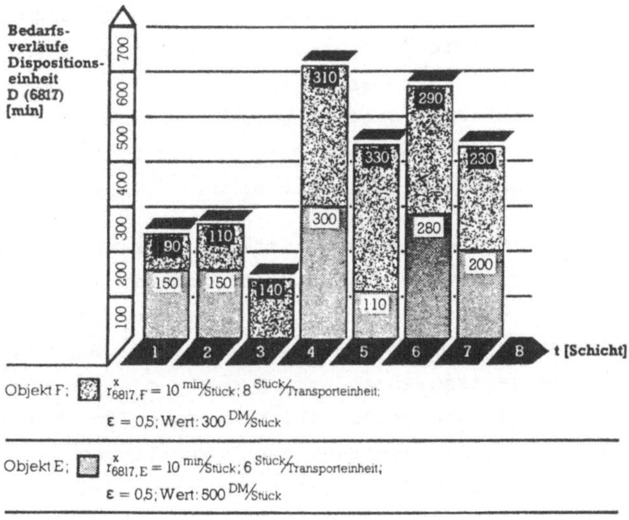


Objekt F: $r^x_{6817,F} = 10\ {}^{min}/_{Stück}$; $8\ {}^{Stück}/_{Transporteinheit}$;
$\varepsilon = 0{,}5$; Wert: $300\ {}^{DM}/_{Stück}$

Objekt E: $r^x_{6817,E} = 10\ {}^{min}/_{Stück}$; $6\ {}^{Stück}/_{Transporteinheit}$;
$\varepsilon = 0{,}5$; Wert: $500\ {}^{DM}/_{Stück}$

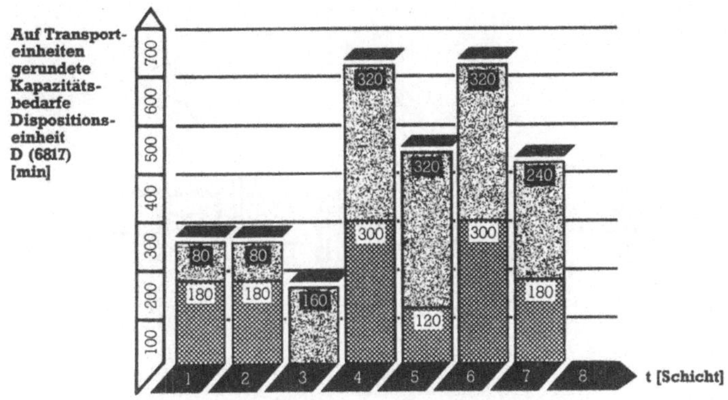


**Bild 18:** Rundung des Bedarfsverlaufs auf Transportmengen am Beispiel der Dispositionseinheit 6817

in einer Periode i Überschreitungen der Kapazitätsgrenzen
$C_i(Y^*)$ auf, so werden die sich ergebenden Überhangmengen
festgestellt. Um bei der Bestimmung dieser Überhangmengen
Eindeutigkeit zu erzielen, werden die Objektmengen in der
Reihenfolge einer vorgegebenen Priorität, die sich am Wert
der Objekte orientiert, geordnet. Damit wird erreicht, daß
vorrangig die geringerwertigen Objekte als zeitlich zu ver-
lagernde Überhangmengen definiert werden.

Zum Abgleich wird zunächst die zeitliche Verlagerung in Richtung Gegenwart versucht; bleibt dies ohne Wirkung, weil in
dieser Richtung keine freie Kapazität besteht, so werden die
Überhangmengen in Richtung Zukunft verlagert. Bestehen für
ein Objekt für gewisse Perioden  Z u g a n g s b e s c h r ä n -
k u n g e n  nach Gleichung (4), so werden die an der Überschreitung der Zugangsbeschränkungen beteiligten Mengen in die
nächstmögliche Periode der Zukunft verlagert (Bild 19).
Insgesamt wird stets die dem ursprünglichen Bedarfszeitpunkt
nächstgelegene Periode gesucht, in der unter den geltenden Ka-
pazitäts- und Zugangsbeschränkungen Auftragsmengen eingeplant
werden können.

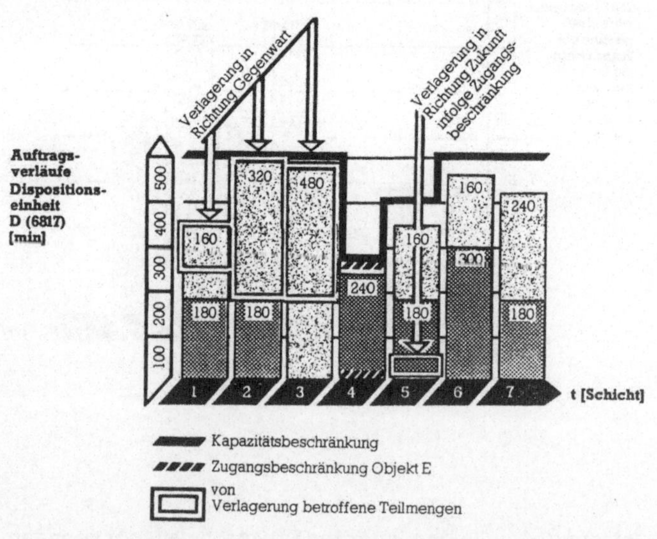


Bild 19: Durch die Heuristik erzeugter Auftragsverlauf
für Dispositionseinheit 6817

Nach jeder Verarbeitung einer gesamten Periodenmenge werden
mittels der Gleichung (1) und dem Anfangsbestand $Q_O$ für die
Dispositionseinheit D($\gamma$*) die Planbestandsverläufe errechnet
(Bild 20). Ergibt sich dabei, daß der Planbestand eines Objekts
zu einem Zeitpunkt kleiner als Null wird, also eine  N i c h t -
v e r f ü g b a r k e i t  von Objekten besteht, so  b r i c h t
d a s  V e r f a h r e n  a b . In der Materialflußstruktur M
wird in diesem Fall bei der Dispositionseinheit D($\gamma$*) vermerkt,
daß die Situation zu prüfen ist. Gegebenenfalls werden daraufhin
bei den Verwendern für einige Perioden Zugangsbeschränkungen
nach Gleichung (4) zu setzen sein. Im Regelfall wird das Verfahren aber in der dargestellten Weise periodenweise bis zum
Ende des Planungshorizonts T fortfahren. Ergebnis ist ein Auftragsprogramm für die Dispositionseinheit D ($\gamma$*), das unter Beachtung
der Randbedingungen entstanden und auf Behältermengen gerundet ist.

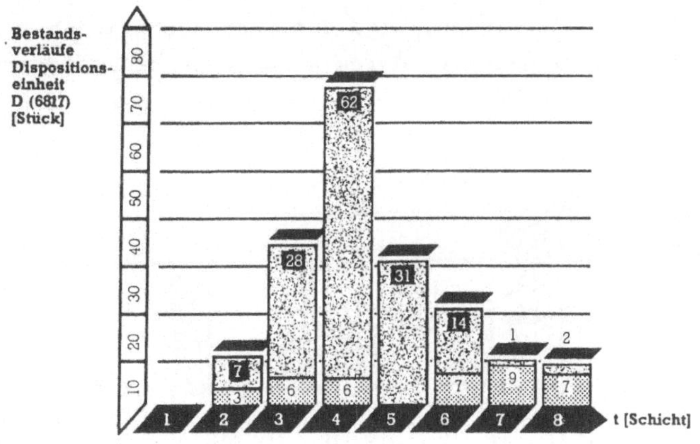



<u>Bild 20:</u> Planbestandsverlauf für Dispositionseinheit 6817
nach Anwendung der Heuristik

Zwar handelt es sich bei dem vorgestellten Verfahren nicht um
ein Optimierungsverfahren, die angestrebte Einlastung der Mengen
nächstmöglich den Bedarfsperioden bewirkt jedoch sehr niedrige
Kapitalbindungskosten. Der bei dieser Verfahrensweise auftretende
Rechenaufwand ist hingegen leicht zu bewältigen, eine Grundvoraus-
setzung für die Anwendbarkeit des Verfahrens.

## Heuristik für einen Losfertigungsfall

Das folgende Verfahren wurde zur Lösung des einstufigen Mengen-
und Terminplanungsproblems bezüglich einer Kapazitätseinheit $\gamma \in \hat{P}$
entwickelt, bei der beträchtlicher Umrüstaufwand die Auflegung
jeweils größerer Mengen eines Objekts aus wirtschaftlichen Gründen nahelegt. Selbst wenn keine feste Umrüstfolge vorgegeben ist,
spielt sich im Ablauf doch eine gewisse Regelmäßigkeit bei der
Auflegung ein, die nur infolge wesentlicher Bedarfsänderungen
durchbrochen werden sollte. Solche Regelmäßigkeit bewirkt un-
problematische Routineabläufe im Betrieb, die sich durch höhere
Effektivität auszeichnen.

Um solche Regelmäßigkeit im Auftragsprogramm für $D\,(\bar{\gamma})$ durch einen
Algorithmus zu erreichen, wird der Planungshorizont T fortlaufend
in Abschnitte eingeteilt, deren kumulierte Bedarfe betrachtet

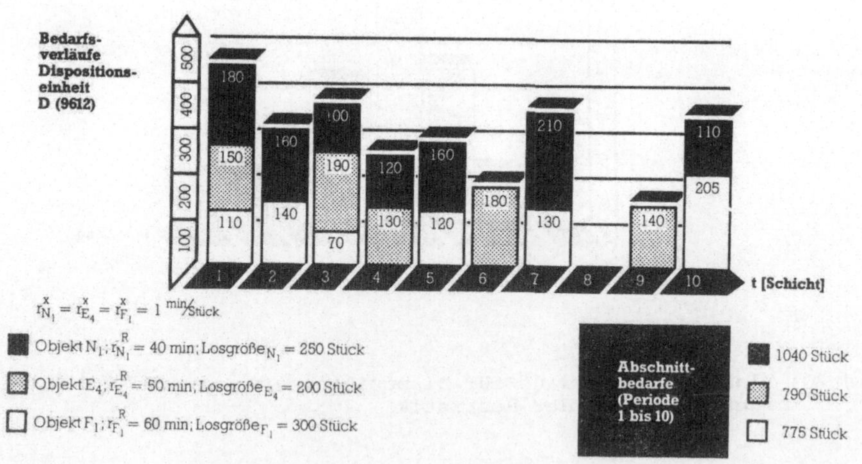


Bild 21: Bedarfsverläufe für Dispositionseinheit 9612

werden (Bild 21). Auf diese Abschnittsbedarfswerte wird jeweils ein Algorithmus angewandt, der je Objekt s vorgegebene Losgrößen $L_s$ einlastet. Diese Losgrößen wurden zuvor nach statischen Optimierungsverfahren ermittelt. Die Reihenfolge der Einlastung dieser Lose in die Abschnittskapazitäten wird durch einen Divisionsalgorithmus bestimmt, der analog zum d'Hondt'schen Divisorenverfahren[1] arbeitet.

Entsprechend der Bestands- und Bedarfssituation unterscheidet das Verfahren drei Fälle:

I      Im zu behandelnden Abschnitt übersteigt die Bestandsmenge die Bedarfsmenge für alle Objekte.

      → Das Verfahren läßt in diesem Falle den Abschnitt leer.

II     Für ein Objekt wird die Bedarfsabschnittsmenge durch die Bestandsmengen nicht gedeckt.

      → In diesem Fall wird ein Los des betreffenden Erzeugnisses eingelastet. Dazu wird die nach den Zugangsbeschränkungen früheste Periode gewählt. Ist anschließend die Abschnittsdeckung erreicht - was durch Errechnung des Planbestands geprüft werden kann - so wird nach I weiterverfahren. Andernfalls wird der beschriebene Vorgang so oft wiederholt, bis die Voraussetzungen für I eintreten.

III    Bei mehreren Objekten deckt die Bestandsmenge die auftretenden Bedarfsmengen nicht.

      → Die betreffenden Objektbedarfsmengen werden in eine Tabelle überschrieben und nach dem Divisorenverfahren behandelt. Danach wird zunächst dem höchsten Bedarf ein Los zugeteilt. Dieses Los wird in der nächstmöglichen freien Periode des Abschnitts eingelastet, falls dies unter Zugangsbeschränkungen

---

1) Dabei wird die Problemgleichheit zwischen
  o Auffüllen eines durch Sitzzahl begrenzten Parlaments durch Abgeordnete verschiedener Parteien entsprechend einem Wahlergebnis und
  o Auffüllen eines über der Zeit begrenzten Kapazitätsangebots durch Lose verschiedener Objekte aufgrund einer Bedarfsanforderung
ausgenutzt und das für das Sitzverteilungsproblem entworfene Lösungsverfahren von d'Hondt, vgl. Vogel u.a. [80], auf das einstufige Mengen- und Terminplanungsproblem übertragen.

möglich ist. Wird dies durch Zugangsbeschränkungen verhindert, so wird das Los zurückgestellt. Nach jedem eingesetzten Los anderer Objekte wird ein neuerlicher Einlastungsversuch unternommen. Erst nach erfolgter Einlastung wird der Bedarfswert in der Tabelle gestrichen. Mit den verbleibenden und dividierten Werten wird diese Vorgehensweise so lange beibehalten, bis im Restabschnitt die Voraussetzungen für II und dann für I eintreten (Bild 22).

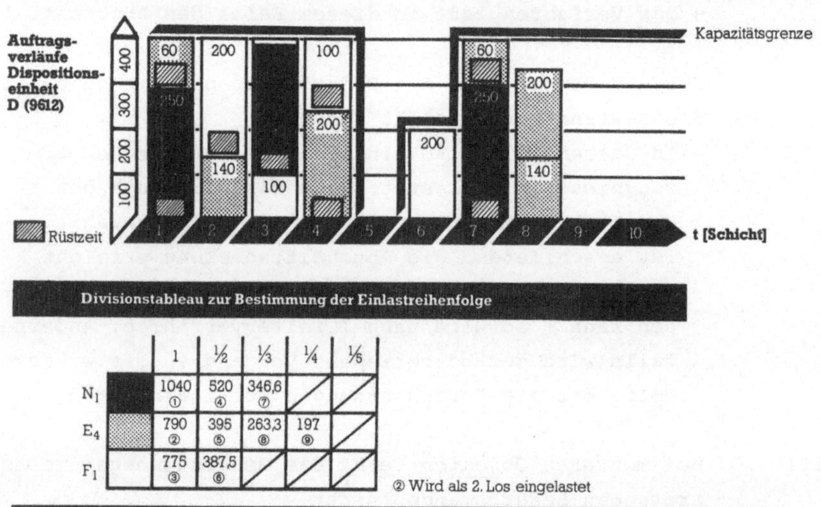


**Bild 22:** Heuristik und Auftragsverläufe für Dispositionseinheit 9612

Treten nach der Einarbeitung des letzten kapazitiv möglichen Loses bei einem Abschnitt die Voraussetzungen für I nicht ein, so bricht das Verfahren ab. In der Materialflußstruktur M wird dann vermerkt, daß die Situation der Dispositionsstufe $D(\bar{\gamma})$ überprüft werden muß und gegebenenfalls Zugangsbeschränkungen bei den Materialverbrauchern zu setzen sind.

Die Bestandssituation nach Einlastung der Lose ist für das Beispiel in Bild 23 dargestellt. Ist im betrachteten Abschnitt im

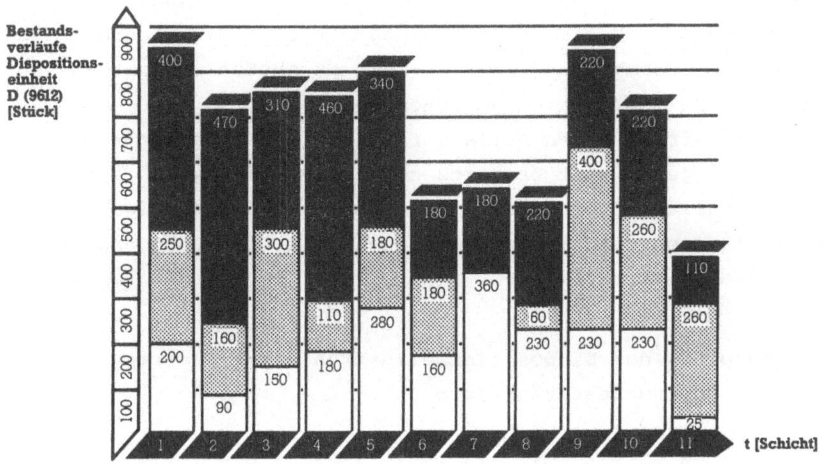


**Bild 23:** Planbestandsverlauf für Dispositionseinheit 9612
nach Anwendung der Heuristik

Anschluß an die durchgeführten Schritte noch Kapazität vorhanden,
so können in der festgelegten Reihenfolge weitere Lose einge-
lastet werden. Da dieses Verfahren nur Lose vorgegebener Größe
umsetzt, ist der entstehende Rechenaufwand gering. Allerdings
nimmt man auch alle Nachteile in Kauf, die mit dieser Abkopplung
des Auftragsprogramms vom Bedarf verbunden sind: Es werden keine
Losgrößen nach dynamischen Verfahren entwickelt, somit erfolgt
auch keine direkte Minimierung der Kapitalbindung. Es wird lediglich Bedarfsdeckung je Periodenabschnitt - soweit unter den
herrschenden Kapazitäts- und Zugangsbeschränkungen möglich -
sichergestellt, wobei hohe Beständigkeit in der Auflegereihenfolge erzielt wird.

## 7.2  Mehrstufiges Mengen- und Terminplanungsproblem

Das gesamte Mengen- und Terminplanungsproblem bei Linienfertigung
setzt sich aus einer Reihe einstufiger Probleme - wie sie im vorigen Abschnitt mittels Verknüpfung von Dispositionseinheit D, Materialflußstruktur M und Kapazitätsangebot abgeleitet worden sind,
zusammen. Die Gesamtlösung kann deshalb durch Zusammensetzen von
einstufigen Problemlösungen gewonnen werden.
Im folgenden wird der  A b l a u f   z u r   G e s a m t l ö -
s u n g   angegeben, wie er durch sukzessive Behandlung der Dispositionseinheiten D erfolgen muß, wobei zur gegenseitigen Abstimmung der einstufigen Problemlösungen die Dispositionsstruktur
DS herangezogen wird.


### 7.2.1  Kopplung der Dispositionseinheiten durch Bedarfe
und Zugangsbeschränkungen

Zunächst ist zu klären, wie die Bedarfsmengen ermittelt werden,
die den einzelnen Dispositionseinheiten zur Deckung vorgegeben
sind. Eine Möglichkeit wäre, die Bedarfsmengen für alle Dispositionseinheiten direkt aus dem Primärbedarf abzuleiten. Dann entstünde eine Anzahl von Einzellösungen, die zwar alle denselben
Primärbedarf beachten, zwischen denen aber sonst keine Zusammen-
hänge bestehen. Ist etwa die Dispositionsstufe D einer Kapazitätseinheit $\bar{\gamma} \in \hat{P}$ zugeordnet, die als Stoßfertigungsfall zu behandeln
ist, so kann das Vormaterial, sofern es ausschließlich auf den
Primärbedarf abgestimmt ist, nur zufällig zu den tatsächlichen
Bedarfszeitpunkten zugehen. Losbildungen bezüglich $D(\bar{\gamma})$ können
bei der Bedarfsermittlung nicht beachtet werden.
Das vorgegebene Ziel, Mengen und Termine im Materialfluß aufein-
anderfolgender Dispositionseinheiten gegenseitig abstimmen zu können, ist auf diese Weise nicht zu erreichen. Nur wenn die Bedarfswerte der materialflußmäßig direkt vor $D(\bar{\gamma})$ liegenden Dispositionseinheiten aus den Auftragsmengen dieser Dispositionseinheiten direkt abgeleitet werden, kann der Aspekt der Losbildung bei der Dispositionsdatenerstellung Berücksichtigung finden. Im Verfahren kann
das erreicht werden, wenn die Dispositionseinheiten entsprechend
den Kantenbeziehungen $\hat{MS}$ der Materialflußstruktur M miteinander

gekoppelt werden[1]. Dann erfolgt die Dispositionsdatenerstellung
mehrstufig - wie auch die mehrstufige Bedarfsrechnung konventioneller Systeme dies vorsieht - jedoch unter Beachtung von Kapazitätsgrenzen. Die  M a t e r i a l f l u ß b e z i e h u n g e n
MS werden so gleichzeitig zu  I n f o r m a t i o n s v e r -
k n ü p f u n g e n .  Diese Informationsverknüpfungen sind bei
Linienfertigung zeitlich unveränderlich und deshalb genauso
starr, wie dies bei der Anbindung der Dispositionseinheiten direkt
an den Primärbedarf der Fall wäre. Bei Linienfertigung können die
Dispositionseinheiten also ohne Mehraufwand auf die Bedarfsverläufe der im Materialfluß direkt nachfolgenden Objekte ausgerichtet werden. Entsprechend können eventuell auftretende Zugangsbeschränkungen exakt auf die Objekte im Materialfluß nach-
folgender Dispositionseinheiten übergewälzt werden, sie sind
dann nicht mehr als pauschale Richtwerte auf den Primärbedarf bezogen.

Zur verfahrensmäßigen Ausführung der Informationsübergaben müssen Transformationen zwischen den einzelnen Objekten der Dispositionseinheiten angegeben werden, die objektweise Anpassungen
der Bedarfs- und Zugangsbeschränkungen leisten. Je nach Informa-
tionsübergaberichtung können diese Transformationen aus den
Kantenwerten der Dispositionsstruktur DS aufgebaut werden nach

$$(5) \qquad y_{s_{D'},i} = (1 + \rho_{(s_{D'},\bar{s}_{D''})}) \cdot f_{(s_{D'},\bar{s}_{D''})} \cdot x_{\bar{s}_{D''}(i+\tau_{(s_{D'},\bar{s}_{D''})})}$$

falls Periodenmengen entgegen der Materialflußrichtung übergeben
werden sollen bzw.

$$(6) \qquad x_{\bar{s}_{D''}i} = \frac{1}{(1+\rho_{(s_{D'},\bar{s}_{D''})}) \cdot f_{(s_{D'},\bar{s}_{D''})}} \cdot y_{s_{D'},(i-\tau_{(s_{D'},\bar{s}_{D''})})}$$

$$\text{für } i - \tau_{(s_{D'},\bar{s}_{D''})} \geq 0$$

---

1) Zwei Dispositionseinheiten seien gekoppelt, wenn die Ausgangsinformationen oder ein Teil dieser Ausgangsinformationen einer Dispositioneinheit in eine andere als Eingangsinformation
   aufgenommen wird, vgl. Fischer u.a. [81].

bei der Übergabe von Periodenmengen in Materialflußrichtung.
Die Transformationen berücksichtigen den Mengenschwund und
periodenweise Zeitverbräuche, wie sie im Zuge des Produktions-
fortschritts auftreten.


## 7.2.2   Weg zur schrittweisen Lösung

Werden die Dispositionseinheiten in der angegebenen Weise direkt
miteinander gekoppelt, so ist die  G e s a m t p r o b l e m -
l ö s u n g   durch schrittweise Lösung der einstufigen Probleme
nur möglich, wenn die Bedarfe, die auf die zugeordneten Dispositionseinheiten zielen,  v o r   der jeweiligen  E i n z e l -
p r o b l e m l ö s u n g   vollständig vorliegen. Deshalb muß
bei der Lösung der einstufigen Probleme eine bestimmte Reihenfolge eingehalten werden, die sich am eigentlichen Ziel der Abarbeitung der Einzelprobleme zu orientieren hat. Dieses Ziel der
Abarbeitung ist die Abstimmung aller Mengen und Termine auf den
Primärbedarfsverlauf. Man wird zur Ermittlung der Dispositionsdaten bei den Endprodukten beginnen und für alle Dispositionseinheiten zunächst eine Rechnung entgegen der Materialflußrichtung durchführen. Im Rahmen dieser  R ü c k w ä r t s r e c h -
n u n g   werden die als Ergebnis der einstufigen Probleme entstandenen Auftragsmengen als Bedarfe an die jeweils vorgelager-
ten Dispositionseinheiten weitergeleitet. Daraus wiederum werden im Rahmen der einstufigen Behandlung Auftragsmengen gewonnen,
die ihrerseits wiederum als Bedarfe auf vorgelagerte Dispositionseinheiten wirken.  R ü c k w ä r t s r e c h n u n g   kann
jedoch Zugangsbeschränkungen, die sich durch Engpässe bezüglich
Rohmaterialien bzw. Zugangsmengen aus materialflußmäßig vorge-
lagerten Dispositionseinheiten ergeben, nicht berücksichtigen,
denn dazu müßte das Ergebnis der Rückwärtsrechnung dort schon
vorliegen. Aus diesem Grund kann auch noch nicht entschieden
werden, ob die sich ergebenden Bedarfe gedeckt werden können
oder nicht. Das gesamte Problem kann durch eine Rückwärtsrechnung also nicht vollständig gelöst werden.

Würde die schrittweise Problemlösung aber - ausgehend vom Rohmaterial und den Kaufteilen - durch  V o r w ä r t s r e c h -
n u n g  vollzogen, so könnten alle Zugangsbeschränkungen beachtet werden. Es würden jedoch Dispositionsdaten auf der Grundlage des vorhandenen Vormaterials erstellt; der vorgegebene
Primärbedarf würde nur zufällig erfüllt, und es entstünden erhebliche Kapitalbindungskosten durch sich anhäufende Bestände.
Wenngleich durch Vorwärtsrechnung alle Zugangsbeschränkungen
berücksichtigt werden können, ist die Vorwärtsrechnung in reiner
Form also nicht anwendbar - auch nicht als erster Schritt zur
Erstellung einer Ausgangslösung - da sie zwangsläufig zu Abweichungen vom vorgegebenen Bedarf führen muß. Infolgedessen
ist die Frage zu klären, wie Zugangsbeschränkungen nach erfolgter Rückwärtsrechnung in die Problemlösung eingebracht werden
können. Da dies durch Rückwärtsrechnung nicht möglich ist, besteht die Notwendigkeit, den Lösungsablauf um Vorwärtsschritte
zu erweitern. Die Problemlösung kann also nur durch Verwendung
beider Informationsrichtungen zufriedenstellend gelingen.

Eine Möglichkeit wäre es, alle einstufigen Probleme im Rahmen
einer Vorwärtsrechnung nochmals zu behandeln. Dies könnte jedoch zu unkontrollierten, im voraus nicht abschätzbaren Änderungen des vorgegebenen Produktionsprogramms führen. Außerdem
wird eine Situation durch routinemäßige Unterstützung bewältigt,
die eigentlich absoluten Ausnahmecharakter behalten soll. Bevor
zu Zugangsbeschränkungen gegriffen wird, müssen alle Maßnahmen,
die zur Erfüllung der Bedarfe führen können - wie Kapazitäts-
erhöhungen oder Ausschöpfung aller Bestandsreserven - nachweis-
lich ohne die gewünschte Wirkung bleiben. Ist man dennoch ge-
zwungen, infolge unerfüllbarer Bedarfe Zugangsbeschränkungen
zu setzen, so ist dies stets als äußerste Reaktion auf überhöhte, nicht machbare Bedarfsanmeldungen zu werten. Der Gesamtlösungsablauf sieht aus diesen Gründen  k e i n e  Verfahrens-
unterstützung der Zugangsbeschränkungssetzung vor. Zur Erleichte-
rung bei der Umrechnung der Zugangsmengen je Objekt wird lediglich die Transformation (6) bereitgestellt. Die gesetzten Zugangsbeschränkungen werden dann im Rahmen der einstufigen Problemlösungen der nächsten Rückwärtsrechnung verarbeitet. Da bei

Linienfertigung davon ausgegangen werden muß, daß im Mittel auf
allen Stufen genügend Kapazität vorhanden ist, dürfen Zugangsbeschränkungen darüber hinaus auch nicht von langer Gültigkeit
sein. Nach Einarbeitung in das Auftragsprogramm werden sie deshalb gelöscht. Bei der nächstfolgenden Rückwärtsrechnung werden
nur neuerlich gesetzte Zugangsbeschränkungen verarbeitet.

Da aus den genannten Gründen nur die Rückwärtsrechnung verfahrens-
mäßig unterstützt werden soll, reicht es auch aus, für diese
Abarbeitungsrichtung die Reihenfolge der Dispositionseinheiten-
behandlung vorzugeben. Diese Reihenfolge kann anhand der Materialflußstruktur einfach ermittelt werden, da die Materialflußbeziehungen MS auch als die für die Dispositionsdatenerstellung relevanten Informationsbeziehungen angesehen werden können[1].
Die Numerierung dieser Reihenfolge kann der Materialflußstruktur M angefügt werden.

### 7.2.3   Gesamtlösungsablauf

Der Weg zur Lösung des Gesamtproblems, der im vorigen Abschnitt
festgelegt wurde, wird nachstehend durch Einfügen der einstufigen Problemlösungen vervollständigt. Bei der Beschreibung des
Ablaufs werden die in Kapitel 5 und 6 hergeleiteten Modelle besonders hervorgehoben, denn sie enthalten alle im Rahmen der Mengen-
und Terminplanung zu verarbeitenden Informationen des betrachteten Linienfertigungsprozesses. Bei der EDV-Realisierung des Ab-
laufes werden sie ja die Datenbestände darstellen. Werden zum
Gesamtlösungsablauf Informationen aus einem der Modelle herangezogen, so ist dies gleichbedeutend mit einem Zugriff auf den
entsprechenden Datenbestand des DV-Verfahrens; Informationsübergaben an das Modell bedeuten entsprechend das Einlesen von Daten.
Der Gesamtlösungsablauf erfolgt auf diese Weise durch ein
M o d e l l s y s t e m , das alle erstellten Modelle umfaßt
und die Informationsbeziehungen zwischen diesen Modellen beschreibt. Dieses Modellsystem bildet folglich auch die Grund-

---

1) Da die Materialflußstruktur bei Linienfertigung stets zyklusfrei
   ist, existiert eine solche Reihenfolge in jedem Fall. Sie orientiert sich am Materialflußablauf im Prozeß und stellt sicher,
   daß die Dispositionsdaten je Dispositionseinheit vollständig vorliegen, bevor die Auftragsverläufe ermittelt werden.

lage für den Aufbau eines EDV-Systems zur Mengen- und Terminplanung bei Linienfertigung. Die nachfolgend angegebene Ablaufbeschreibung stellt aus diesem Grund die schrittweisen Informationsverarbeitungs-/Übertragungsvorgänge in den Vordergrund. Die Gesamtheit all dieser Schritte ergibt die Informationsverknüpfungen des Modellsystems bzw. zwischen den den Modellen entsprechenden Datenbeständen.

Der Gesamtlösungsablauf beginnt, entsprechend der im vorigen Abschnitt festgelegten Reihenfolge, bei den Enderzeugnissen, wobei die Materialflußstruktur M zuerst durch Rückwärtsrechnung abgearbeitet wird. Dabei werden die folgenden Schritte ausgeführt:

Schritt I: In der Materialflußstruktur M wird die erste bzw. in der Reihe nächstfolgende Dispositionseinheit $D(\gamma_0)$ festgestellt; die zugehörigen Angaben zu Rüstkosten $r^R(\gamma_0)$ und Kapazitätsverbräuchen für Rüstvorgänge $\bar{r}^R(\gamma_0)$ und Objekte $r^X(\gamma_0)$ entnommen.

Schritt II: Die Daten werden der Dispositionseinheit $D(\gamma_0)$ übergeben.

Schritt III: Alle an $D(\gamma_0)$ gerichteten Bedarfe werden objektweise zusammengefaßt und mittels $r^X(\gamma_0)$ in Kapazitätsbedarfe umgerechnet.

Schritt IV: Den Kapazitätsbedarfen wird das Kapazitätsangebot $C(\gamma_0)$ gegenübergestellt.

Schritt V: Aus der Gegenüberstellung der Kapazitätsbedarfe und des Kapazitätsangebots $C(\gamma_0)$ sowie eventuell bestehender Zugangsbeschränkungen werden unter Einbeziehung der Anfangsbestände $Q_0$ aus $Z(D(\gamma_0))$ die Auftragsverläufe im Rahmen einer einstufigen Rechnung (vgl. 7.1) ermittelt.

Schritt VI: Können die Auftragsverläufe nicht über den gesamten Planungshorizont T gebildet werden, so wird dies in der Materialflußstruktur M vermerkt.

Schritt VII:    Der Dispositionsstruktur DS werden die Kanten-
                werte zu den im Materialfluß vor $D(\gamma_0)$ liegen-
                den Objekten entnommen.

Schritt VIII:   Aus den Auftragsmengen der Dispositionseinheit
                $D(\gamma_0)$ werden mittels (5) und den Kantenwerten
                die Bedarfswerte ermittelt und den zugehörigen
                Dispositionseinheiten $D(\gamma_v)$ übergeben.

Der Ablauf setzt sich wieder mit Schritt I fort, bis alle
Dispositionseinheiten bearbeitet sind. Endergebnis ist ein
Auftragsprogramm für alle in der Dispositionsstruktur DS auf-
tretenden Objekte $\hat{V}$.

Dieses Auftragsprogramm bleibt aber unvollständig, falls die
Erstellung der Auftragsverläufe für einige Dispositionseinheiten
infolge auftretender Nichtmachbarkeiten abgebrochen werden mußte.
Die Dispositionseinheiten, bei denen dies der Fall ist, sind im
Zuge der Rückwärtsrechnung (Schritt VI) in der Materialflußstruktur M markiert worden. Um beim nächsten Ablauf neuerlichen
Abbrüchen vorzubeugen, müssen die Bedarfsmengen, die auf diese
Dispositionseinheiten zielen, so reduziert werden, daß trotz
der vorliegenden Kapazitäts- und Zugangbeschränkungen die Bedarfsdeckung möglich ist. Dazu muß jede in der Materialflußstruktur M  g e k e n n z e i c h n e t e  Dispositionseinheit ein weiteres Mal behandelt werden; eine Reihenfolge muß
hierbei nicht berücksichtigt werden.

Zugangsbeschränkungen können durch die nachfolgend beschriebenen
Schritte in die betroffenen Dispositionseinheiten eingearbeitet
werden:

Schritt IX:     In der Materialflußstruktur M wird eine weitere
                Dispositionseinheit $D(\gamma_z)$, die wegen Abbruchs
                markiert wurde, festgestellt.

Schritt X:      Die periodenweisen Bedarfsmengen, die maximal
                auf die Dispositionseinheit $D(\gamma_z)$ zielen dürfen,
                werden neu festgesetzt.

Schritt XI:     Zu allen von den Mengenverringerungen betroffenen
                Materialverbrauchern werden aus der Dispositions-
                struktur DS die Kantenbewertungen entnommen.

Schritt XII:    Allen Materialverbrauchern werden die Zugangs-
                beschränkungen in die zugeordneten Dispositions-
                einheiten übertragen. Diese Übertragung
                kann durch Verwendung der Transformation (6)
                erleichtert werden.

Schritt XIII:   In der Materialflußstruktur M wird die Markierung
                der Dispositionseinheit $D(\gamma_z)$ gelöscht.

Dieser Ablauf muß für alle markierten Knoten der Materialflußstruktur durchgeführt werden, bevor die nächste Rückwärtsrechnung erfolgt. Sonst können die bestehenden Beschränkungen in
der Planung keine Berücksichtigung finden und die Bedarfsdeckung
ist gefährdet. Die vom System erstellten Dispositionsdaten ent-
fernen sich von den tatsächlichen Abläufen und sind deshalb als
Vorgaben für den Linienfertigungsprozeß nicht mehr tauglich.

Die angeführten Schritte geben insgesamt das Modellsystem vor,
das dem Aufbau eines Mengen- und Terminplanungssystems bei
Linienfertigung zugrundegelegt werden kann. Dieses Modellsystem
wird in einem Ablaufschema, das die verwendeten Datenbestände,
die den in dieser Arbeit erstellten Modellen entsprechen, mit
umfaßt, dargestellt (Bilder 24 und 25).

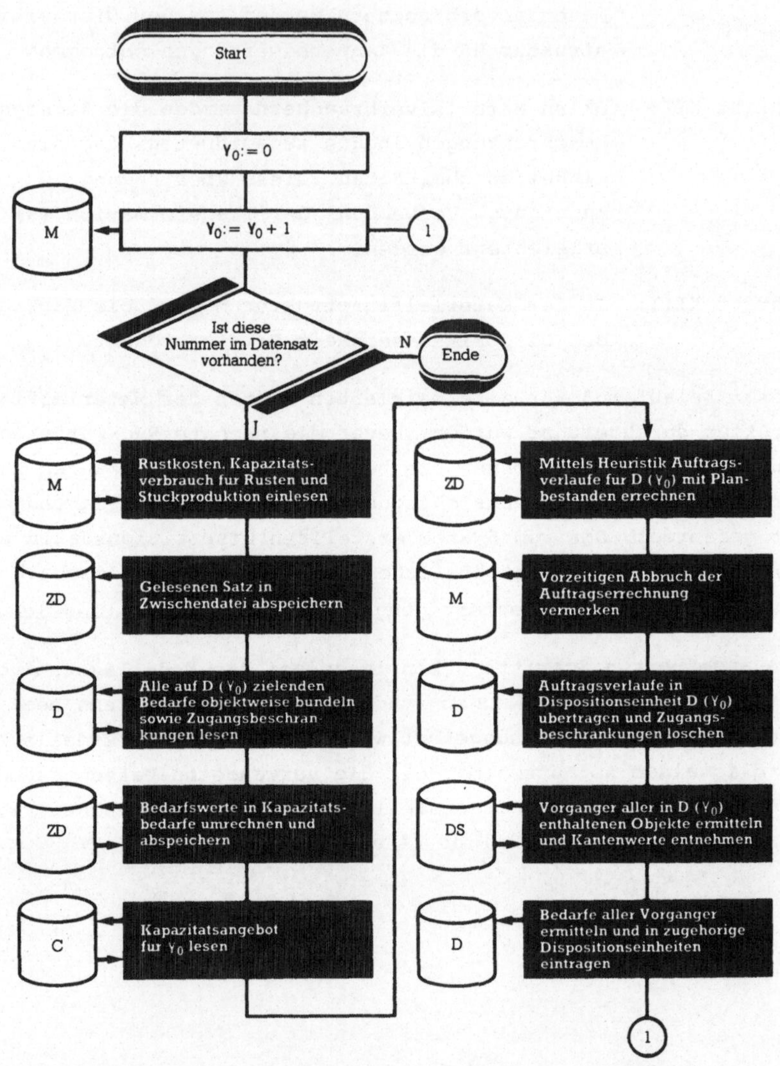


**Bild 24:** Modellsystem/ Datenverknüpfungsschema zur Einarbeitung von Kapazitätsgrenzen ins Auftragsprogramm

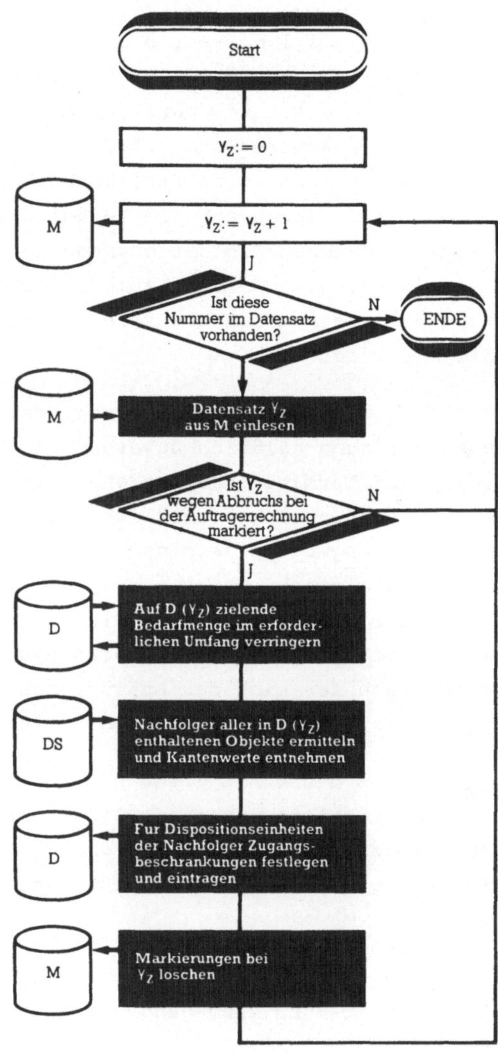


**Bild 25:** Modellsystem/ Datenverknüpfungsschema zur Einarbeitung von Zugangsbeschränkungen ins Auftragsprogramm

Die  k o n v e n t i o n e l l e  P r o d u k t i o n s -
p l a n u n g  u n d  - s t e u e r u n g  führt infolge
der dort  z e i t v e r s e t z t  durchgeführten Bestimmung
von Mengen und Terminen zu äußerst unbefriedigenden Ergebnissen,
wenn man sie bei Linienfertigung einsetzt. Deshalb wird der
Entwurf eines  n e u e n  genau auf die Verhältnisse der
Linienfertigung zugeschnittenen Produktionsmengen- und -termin-
planungssystems notwendig, das die Programmerfüllung bei kurzen
Durchlaufzeiten und niedrigen Beständen sichert und damit ge-
eignetere Ergebnisse erzeugt.

Bei der Herleitung dieses Entwurfes zeigt sich, daß die große
Zahl der bei Linienfertigung zeitlich unveränderlichen Prozeßvorgaben die Mengen- und Terminplanungsvorgänge wesentlich bestimmen. Hingegen wirken nur wenige zeitlich veränderliche
Prozeßvorgaben auf die Mengen und Termine. Sie können deshalb
bei Linienfertigung auf einfache Weise  g l e i c h z e i t i g
bestimmt werden. Auf der Grundlage dieser Einteilung der Prozeßvorgaben nach zeitlicher Veränderlichkeit wird eine tragfähige
Methodik entwickelt, nach der sich der Entwurf des Mengen- und
Terminplanungssystems in folgenden Schritten ergibt:

1. Es werden zwei  M o d e l l g r a p h e n  erstellt,
   die sich an den zeitlich unveränderlichen Prozeßvorgaben
   der Linienfertigung orientieren und die für die Mengen-
   und Terminplanung wesentlichen Prozeßstrukturen abbilden.

2. Alle zeitlich veränderlichen Prozeßvorgaben der Linienfertigung werden in zwei  S y s t e m m o d e l l e
   umgesetzt, die Zeit- und Mengenangaben als Modellgrößen
   verarbeiten.

3. Die gemeinsame Betrachtung aller Modelle führt über die
   Z e r l e g u n g  des Mengen- und Terminplanungsproblems
   in  T e i l p r o b l e m e  auf den Aufbau des Systems.
   F o r m u l i e r u n g e n  und  L ö s u n g s h e u r i
   s t i k e n  zu den entstehenden Teilproblemen sind

angegeben, die Verknüpfungen der Teillösungen zur
G e s a m t l ö s u n g    beschrieben.

Aus der vorliegenden Arbeit resultieren zwei wesentliche An-
stöße für weiterführende Forschungsarbeiten:

Zum einen wird es Aufgabe künftiger Anwender des Systems
sein, die Entwicklung leistungsfähiger, genau auf ihre
Linienfertigung ausgelegter Lösungsheuristiken voranzu-
treiben, die große Prozeßnähe der Planungsergebnisse bei
gleichzeitig niedrigem Planungsaufwand sicherstellen.

Auch wenn das entworfene System die Mängel konventioneller
Produktionsplanung und -steuerung bei Linienfertigung ausräumt,
vollzieht der vorliegende Beitrag natürlich nur einen Schritt
in Richtung der Entwicklung eines begrenzten Gebiets. Der
Anwendungsbereich der entwickelten Methodik ist jedoch bei
weitem nicht auf die Mengen- und Terminplanung bei Linienfertigung begrenzt. Als weiterer Schwerpunkt künftiger For-
schungen ist deshalb die Übertragung dieser Methodik auf
andersartige Produktionsprozesse mit dem Ziel des Entwurfs
prozeßnaher Planungs- und Steuerungssysteme anzusehen.

9       SCHRIFTTUM


1       Breitschwerdt, W.:
        Unternehmerische Initiativen auf veränderten Märkten.
        In: Informationsstelle Wirtschaft Baden-Württemberg (ISW)
        (Hrsg.): Der Überblick, Januar 1985.


2       Wilhelm, K.-G.:
        System zur Planung des Umlaufbestandes in Betrieben
        mit Serienfertigung.
        Berlin, Heidelberg, New York: Springer 1980.


3       Mertens, P.:
        Industrielle Datenverarbeitung.
        Wiesbaden: Gabler 1972.


4       Heß-Kinzer, D.:
        Termingrobplanung.
        In: Kern, W. (Hrsg.): Handwörterbuch der Produktions-
        wirtschaft.
        Stuttgart: Poeschel 1979.


5       Kunerth, W.:
        Konzeption eines EDV-gestützten Fertigungssteuerungs-
        systems.
        Berlin, Köln: Beuth 1976.


6       Wildemann, H.:
        Entscheidungsparameter und Konzepte der Werkstattsteuerung.
        In: Wildemann, H. (Hrsg.): Flexible Werkstattsteuerung
        durch Integration von KANBAN-Prinzipien.
        München: CW-Publikationen 1984.


7       Warnecke, H.-J.; Dangelmaier, W.:
        Produktionssteuerung als logistisches Instrument.
        In: 4. Internationaler Logistik-Kongress: Kongresshand-
        buch I, 7.-9. Dezember 1983, S. 83-89.


8       Von Briel, G.:
        Möglichkeiten und Grenzen des KANBAN-Systems als
        Instrument für die Materialsteuerung in der AUDI NSU AUTO
        UNION AG.
        In: Wildemann, H. (Hrsg.): Flexible Werkstattsteuerung
        durch Integration von KANBAN-Prinzipien.
        München: CW-Publikationen 1984.


9       Bleicher, K.
        Organisation, Formen und Modelle.
        Wiesbaden: Gabler 1981.

10      Frese, E.:
        Grundlagen der Organisation.
        Wiesbaden: Gabler 1981.

11      Kosiol, E.:
        Organisation der Unternehmung.
        Wiesbaden: Gabler 1962.

12      Niewerth, H.; Schröder, J.:
        Lexikon der Planung und Organisation.
        Quickborn: Schnelle 1968.

13      Kieser, A.; Kurbel, K.:
        Fertigungsorganisation.
        In: Kern, W. (Hrsg.): Handwörterbuch der Produktions-
        wirtschaft.
        Stuttgart: Poeschel 1979.

14      Ellinger, T; Wildemann, H.:
        Planung und Steuerung der Produktion aus betriebs-
        wirtschaftlich-technologischer Sicht.
        Wiesbaden: Gabler 1978.

15      Greene, H.J.:
        Production and Inventory Control Handbook.
        New York u.a.: McGraw Hill 1970.

16      AWF/REFA (Hrsg.): Handbuch der Arbeitsvorbereitung.
        Berlin, Köln, Frankfurt: Beuth 1968.

17      VDI/REFA (Hrsg.): Elektronische Datenverarbeitung bei
        der Produktionsplanung und -steuerung IV.
        Düsseldorf: VDI 1978.

18      Panskus, G.:
        Kleiner Intensivkurs durch den Dschungel der neudeutschen
        Begriffsvielfalt im Fertigungsorganisationsbereich.
        In: Weigang GmbH (Hrsg.): Tagungsunterlagen des 8. Würz-
        burger AV-Gesprächs vom 30.9.-1.10.1984 in Würzburg,
        S. 1-20.

19      Bratschitsch, K.:
        Funktionen, betriebliche.
        In: Grochla, E.; Wittmann, W. (Hrsg.): Handwörterbuch
        der Betriebswirtschaft.
        Stuttgart: Poeschel 1975.

20      REFA (Hrsg.): Methodenlehre der Planung und Steuerung.
        München: Hanser 1985.

21      Zäpfel, G.:
        Produktionswirtschaft.
        Berlin, New York: de Gruyter 1982.

22    Hammer, R.; Hübner, H,; Kritzler, T.; Schertler, W.:
      Die optimale Lenkung der Produktion.
      München: Moderne Industrie 1979.


23    Bullinger, H.-J.:
      Kapazitätsplanungssystem für den Unternehmensbereich
      Entwicklung und Konstruktion.
      Dissertation TU Stuttgart 1974.


24    Hackstein, R.:
      Produktionsplanung und -steuerung (PPS).
      Düsseldorf: VDI 1984.


25    Brankamp, K.:
      Terminplanungssystem.
      Würzburg, Wien: Physica 1973.


26    Junghanns, W.:
      Terminfeinplanung.
      In: Kern, W. (Hrsg.): Handwörterbuch der Produktions-
      wirtschaft.
      Stuttgart: Poeschel 1979.


27    Benzing, H.:
      Produktionsplanung und -steuerung bei Hengstler.
      FB/IE 30 (1981) 1, S. 61-75.


28    Haag, W.:
      Produktionsmengen- und -Terminplanung.
      Köln: TÜV Rheinland 1982.


29    Müller, E.:
      Simultane Lagerdisposition und Fertigungsablaufplanung
      bei mehrstufiger Mehrproduktfertigung.
      Berlin, New York: de Gruyter 1972.


30    Kosiol, E.:
      Aufbauorganisation.
      In: Grochla, E. (Hrsg.): Handwörterbuch der Organisation.
      Stuttgart: Poeschel 1973.


31    Hahn, R.:
      Produktionsplanung bei Linienfertigung.
      Berlin, New York: de Gruyter 1972.


32    Kreikebaum, H.:
      Organisationstypen der Produktion.
      In: Kern, W. (Hrsg.): Handwörterbuch der Produktions-
      wirtschaft.
      Stuttgart: Poeschel 1979.


33    Dangelmaier, W.:
      Neue Konzepte für die Fertigungssteuerung.
      - Integration von Zeit- und Materialwirtschaft.
      Tagungsunterlagen der IAO-Arbeitstagung vom 22.-23.11.1983
      in Böblingen, S. 324-340.

34    Dangelmaier, W.:
      Die Auswirkungen des Fertigungstyps auf die Material-
      bereitstellung und die Disposition.
      Beschaffung aktuell (1984) 9, S. 42-45.

35    Kurbel, K.:
      Simultane Produktionsplanung bei mehrstufiger Serien-
      fertigung, Möglichkeiten und Grenzen der Losgrößen-,
      Reihenfolge- und Terminplanung.
      Berlin: E. Schmidt 1978.

36    Blanke, W.; Zimmermann, G.:
      ISI - Industrielles Steuerungs- und Informationssystem.
      München: Siemens data praxis.

37    Heinemeyer, W.:
      Die Analyse der Fertigungsdurchlaufzeit im Industrie-
      betrieb.
      Dissertation Universität Hannover 1970.

38    Gelders, F.; Van Wassenhove, N.:
      Production planning: a review.
      European Journal of Operational Research 7 (1981),
      S. 101-110.

39    Graves, S.C.:
      A review of production scheduling.
      Operations Research 29 (1981) 4, S. 646-675.

40    Schirmer, A.:
      Dynamische Produktionsplanung bei Serienfertigung.
      Wiesbaden: Gabler 1978.

41    Steinberg, E.; Napier, H.A.:
      Optimal Multi-Level Lot Sizing for Requirements
      Planning Systems.
      Management Science 26 (1980), S. 1258-1271.

42    Eisenhut, P.S.:
      A Dynamic Lot Sizing Algorithm with Capacity Constraints.
      AIIE Transactions 7 (1975), S. 170-176.

43    Billington, P.J.; McClain, J.O.; Thomas, L.J.:
      Mathematical programming approaches to capacity-constrained.
      MRP-systems: review, formulation and problem reduction.
      Management Sicience 29 (1983) 10, S. 1126-1141.

44    Rieper, B.:
      Hierarchische betriebliche Systeme.
      Wiesbaden: Gabler 1979.

45    Hax, A.; Meal, H.:
      Hierachical Interpretation of Production Planning and
      Scheduling.
      In: Geisler, M.A. (Hrsg.): Studies in Management Sciences.
      Amsterdam: Elsevier 1975.

46     Bitran, G.R.; Haas, E.A.; Hax, A.C.:
       Hierachical Production Planning: A two stage system.
       Operations Research 30 (1982) 2, S. 232-251.


47     Baetge, J.:
       Betriebswirtschaftliche Systemtheorie.
       Opladen: Westdeutscher Verlag 1974.


48     Kirsch, W.; Bamberger, I.; Gabele, E.; Klein, K.:
       Betriebswirtschaftliche Logistik.
       Wiesbaden: Gabler 1973.


49     Pichler, F.:
       Mathematische Systemtheorie.
       Berlin, New York: de Gruyter 1975.


50     Buslenko, N.P.:
       Modellierung komplizierter Systeme.
       Würzburg: Physica 1972.


51     Zeigler, B.P.:
       Theory of modelling and simulation.
       London: Wiley 1976.


52     Schmidt, W.P.:
       Grundlagen, Verfahren und Datenorganisation bei der
       Stücklistenauflösung.
       Elektronische Datenverarbeitung (1969) 12, S. 580-591.


53     Stommel, H.-J.:
       Betriebliche Terminplanung.
       Berlin: de Gruyter 1976.


54     Müller-Merbach, H.:
       Operations Research.
       München: Vahlen 1971.


55     Wild, J.:
       Theorie, wissenschaftliche.
       In: Grochla, E.; Wittmann, W. (Hrsg.): Handwörterbuch
       der Betriebswirtschaft.
       Stuttgart: Poeschel 1975.


56     Noltemeier, H.:
       Graphentheorie.
       Berlin: de Gruyter 1976.


57     Sedláček, J.:
       Einführung in die Graphentheorie.
       Frankfurt, Zürich: Deutsch 1968.


58     Mesarović, M.D.:
       General systems theory.
       New York: Academic Press 1975.

59     Klir, G.J.:
       An Approach to General Systems Theory.
       New York: Van Nordstrand 1969.

60     Dück, W.; Bliefernich, M.:
       Operationsforschung.
       Berlin: VEB Deutscher Verlag der Wissenschaften 1973.

61     Krieg, W.:
       Kybernetische Grundlagen der Unternehmensgestaltung.
       Bern, Stuttgart: Haupt 1971.

62     Meschkowski, H.:
       Mathematisches Begriffswörterbuch.
       Mannheim, Wien, Zürich: Bibliographisches Institut
       Wissenschaftsverlag 1971.

63     Wagner, H.:
       Vorbereitung der Produktion, dispositive.
       In: Kern, W. (Hrsg.): Handwörterbuch der Produktions-
       wirtschaft.
       Stuttgart: Poeschel 1979.

64     Warnecke, H.-J.; Dangelmaier, W.; Kühnle, H.:
       Computer aided layout planning.
       Material Flow 1 (1982) 1, S. 35-48.

65     Kühnle, H.:
       Integrated Material Requirement and Capacity Planning
       for Flow Shop Production.
       In: Bullinger, H.-J.; Warnecke, H.-J. (Hrsg.):
       Toward the Factory of the Future.
       5th Working Conference of the Fraunhofer-Institute
       for Industrial Engineering (FHG-IAO) at University
       of Stuttgart, August 1985, S. 317-319.

66     Orlicky, J.:
       Material Requirements Planning.
       New York: McGraw-Hill 1975.

67     Vazsonyi, A.:
       Scientific Programming in Business and Industry.
       New York: Wiley 1958.

68     Dangelmaier, W.; Kühnle, H.:
       Deterministische Dispositionsstrukturen.
       Industrieanzeiger 106 (1984) 14, S. 34-35.

69     Wille, H.; Gewald, K.; Weber, H.D.:
       Netzplantechnik. Methoden zur Planung und Überwachung
       von Projekten.
       München, Wien: Oldenbourg 1972.

70     Tinhofer, G.:
       Methoden der angewandten Graphentheorie.
       Wien u.a.: Springer 1976.

71      Forrester, J.W.:
        Industrial Dynamics:
        Cambridge: The M.I.T. Press 1977.


72      Kahle, E.:
        Produktion.
        München: Oldenbourg 1980.


73      Steffens, F.:
        Produktionssysteme.
        In: Kern, W. (Hrsg.): Handwörterbuch der Produktions-
        wirtschaft.
        Stuttgart: Poeschel 1979.


74      REFA (Hrsg.): Methodenlehre der Planung und Steuerung.
        München: Hanser 1975.


75      IBM (Hrsg.): Communications Oriented Production
        and Control System.
        IBM Form SB 12-0141-0.


76      Dangelmaier, W.:
        Bedarfs- oder verbrauchsorientierte Materialwirtschaft.
        Eine vergleichende Analyse.
        FhG-Berichte (1986) 1, S. 35-39.


77      Silver, E.A.; Meal, H.C.:
        A Heuristic for Selecting Lot Size Quantities for the
        Case of a Deterministic Time Varying Demand Rate and
        Discret Opportunities for Replenishment.
        Production and Inventory  Management 14 (1973), S. 64-74.


78      Wagner, H.M.; Whitin, T.M.:
        Dynamic Version of the Economic Lot Size Model.
        Management Science 5 (1958), S. 89-96.


79      Affentakis, P.; Gavish, B., Karmarkar, U.:
        Computationally efficient optimal solutions to the
        lot-sizing problem in multistage assembly systems.
        Management Science 30 (1984) 2, S. 222-239.


80      Vogel, B.; Nohlen, D.; Schultze, R.-O.:
        Wahlen in Deutschland.
        Berlin, New York: de Gruyter 1971.


81      Fischer, H.; Piehler, J.:
        Modellsysteme der Operationsforschung.
        Berlin: Akademie 1974.

# IPA Forschung und Praxis

Schriftenreihe aus dem Institut für Produktionstechnik und Automatisierung, Stuttgart

Herausgeber: Prof. Dr.-Ing. H. J. Warnecke

---

**Stufenweise Ableitung eines praktischen Planungssystems für den Entwicklungsbereich**
Von R. Hichert. ISBN 3-7830-0149-8.
1978, 151 Seiten, kartoniert.     52,— DM

**Produktionsplanung mit Auftragsfamilien**
Von U. W. Geitner. ISBN 3-7830-0161.7.
1979, 110 Seiten, kartoniert.     45,— DM

**Thermisch-chemisches Entgraten**
Von T. Wagner. ISBN 3-7830-0164-1.
1979, 111 Seiten, kartoniert.     45,— DM

**Untersuchung der Materialflußkosten bei ausgewählten Systemen der Zentralen Arbeitsverteilung**
Von R. Wenzel. ISBN 3-7830-0162-5.
1979, 168 Seiten, kartoniert.     86,— DM

**Anpassung und Einführung eines Planungssystems für die Ablaufplanung im Konstruktionsbereich**
Von W. Dangelmaier. ISBN 3-7830-0163-3.
1979, 168 Seiten, kartoniert.     80,— DM

**Längenmessungen an bewegten Teilen mit berührungslos wirkenden Aufnehmern**
Von H. Lang. ISBN 3-7830-0157-9.
1979, 89 Seiten, kartoniert.     42,— DM

**Untersuchung multistabiler Strömungselemente und ihr Einsatz in sequentiellen Steuerungen**
Von A. Ernst. ISBN 3-7830-0157-9.
1979, 122 Seiten, kartoniert.     48,— DM

**Taktile Sensoren für programmierbare Handhabungsgeräte**
Von M. Schweizer. ISBN 3-7830-0158-7.
1979, 91 Seiten, kartoniert.     42,— DM

**Die rechnerunterstützte Prüfplanung**
Von P. Bläsing. ISBN 3-7830-0152-8.
1979, 100 Seiten, kartoniert.     44,— DM

**Verfahren zur Fabrikplanung im Mensch-Rechner-Dialog am Bildschirm**
Von W. Ernst. ISBN 3-7830-0156-0.
1979, 218 Seiten, kartoniert.     72,— DM

**Rechnerunterstütztes Verfahren zur Leistungsabstimmung von Mehrmodell-Montagesystemen**
Von M. Görke. ISBN 3-7830-0155-2.
1979, 139 Seiten, kartoniert.     50,— DM

**Standortbezogene Betriebsmittel**
Von G. Pflieger. ISBN 3-7830-0167-6.
1979, 127 Seiten, kartoniert.     52,— DM

**Die betriebswirtschaftliche Beurteilung neuer Arbeitsformen**
Von B.-H. Zippe. ISBN 3-7830-0168-4.
1979, 350 Seiten, kartoniert.     98,— DM

**Untersuchung des Arbeitsverhaltens programmierbarer Handhabungsgeräte**
Von B. Brodbeck. ISBN 3-7830-0169-2.
1979, 117 Seiten, kartoniert.     48,— DM

**Untersuchung eines kohärent-optischen Verfahrens zur Rauheitsmessung**
Von N. Rau. ISBN 3-7830-0174-9.
1979, 117 Seiten, kartoniert.     48,— DM

**Entwicklung einer programmierbaren, pneumatischen Steuerung**
Von D. Klemenz. ISBN 3-7830-0171-4.
1979, 93 Seiten, kartoniert.     42,— DM

# IPA Forschung und Praxis

Berichte aus dem Fraunhofer-Institut für Produktionstechnik und
Automatisierung, Stuttgart, und dem Institut für Industrielle Fertigung
und Fabrikbetrieb der Universität Stuttgart

Herausgeber: Prof. Dr.-Ing. H. J. Warnecke

# IPA-IAO Forschung und Praxis

Berichte aus dem Fraunhofer-Institut für Produktionstechnik und
Automatisierung (IPA), Stuttgart, Fraunhofer-Institut für Arbeitswirtschaft
und Organisation (IAO), Stuttgart, und Institut für Industrielle Fertigung
und Fabrikbetrieb der Universität Stuttgart

Herausgeber: Prof. Dr.-Ing. H. J. Warnecke und Prof. Dr.-Ing. H.-J. Bullinger



Die Bände sind im Erscheinungsjahr und in den folgenden drei Kalenderjahren zu beziehen durch den örtlichen Buchhandel oder durch Lange & Springer, Heidelberger Platz 3, D-1000 Berlin 33.